谁把橡皮
戴在铅笔头上
文具的千年演化史

[英]詹姆斯·沃德/著　张健/译　夏南/校译

重庆出版集团 重庆出版社

版贸核渝字（2021）第026号

图书在版编目（CIP）数据

谁把橡皮戴在铅笔头上：文具的千年演化史 / (英)詹姆斯·沃德著；张健译. — 重庆：重庆出版社，2021.5

书名原文：Adventures in Stationery

ISBN 978-7-229-15777-7

Ⅰ.①谁… Ⅱ.①詹… ②张… Ⅲ.①文具—历史—普及读物 Ⅳ.①TS951-09

中国版本图书馆CIP数据核字(2021)第062810号

谁把橡皮戴在铅笔头上：文具的千年演化史

[英]詹姆斯·沃德 著 张健 译

出　品　人：華章同人

出版监制：徐宪江　秦　琥

责任编辑：秦　琥

特约编辑：王晓芹

营销编辑：史青苗　刘　娜

责任印制：杨　宁

装帧设计：重庆出版社艺术设计有限公司·王芳甜

插图绘制：曾子言

出　　版：重庆出版集团　重庆出版社

（重庆市南岸区南滨路162号1幢）

发　　行：重庆出版集团图书发行有限公司

印　　刷：三河市嘉科万达彩色印刷有限公司

邮购电话：010-85869375/76/78转810

重庆出版社天猫旗舰店

cqcbs.tmall.com

全国新华书店经销

开　本：880mm×1230mm　1/32　印　张：8.75　字　数：180千字

版　次：2021年7月第1版　2021年7月第1次印刷

定　价：52.00元

如有印装质量问题，请致电023-61520678

版权所有，侵权必究

投稿邮箱：bjhztr@vip.163.com

Contents 目录

致谢

此书是我的第一部作品。没想到，一堆文字变成一本书，工序竟如此繁杂，我有点蒙。由始至终，那么多人为之付出辛劳，可成书后封面上却只署我一个人的名字，这也让我感觉有点不太公平。

若非大卫·海厄姆有限公司[1]的安德鲁·戈登（Andrew Gordon）鼎力相助，恐怕这本书也难以问世。对他给予的支持和鼓励，我十分感激。我还要感谢玛丽戈尔德·阿特基（Marigold Atkey）。

感谢资料书籍出版社[2]的工作人员费心费力地把我那些零碎文字整理成书，包括丽莎·欧文斯（Lisa Owens）、瑞贝卡·格蕾（Rebecca Grey）、丹尼尔·克鲁（Daniel Crewe）、安娜－玛瑞·菲茨杰拉德（Anna-Marie Fitzgerald）、保罗·弗尔蒂（Paul Forty）和安德鲁·富兰克林（Andrew Franklin），尤其要感谢萨拉·赫尔（Sara Hull）出色的编辑工作，让我的行文更为紧凑。此外，还要感谢文字编辑菲奥纳·斯克林（Fiona Screen）帮我纠正了不少错误。

鉴于本书通篇说的都是具体物件所体现的趣味，所以书本的排版设计是十分重要的。感谢资料书籍出版社的皮特·戴尔（Pete Dyer）为本书封面设计所做的工作，以及他和米什林·曼尼恩

1　David Higham Associates。

2　资料书籍出版社：Profile Books，英国一家独立出版社，成立于1996年。

（Micheline Mannion）为全书编辑添加各色图片的所有工作。[1]

写这样一本书，肯定少不了书中所提到的那些文具品牌和文具公司的帮助，尤其要感谢思笔乐（STABILO）[2]、波士胶（Bostik）、比克（BIC）、喜力克斯（Helix）、3M 公司、瑞曼（Ryman）、犀飞利（Sheaffer）以及汉高（Henkel）公司为我提供其公司信息。还要感谢凯万·阿特伯里（Kevan Atteberry）、杰夫·尼科尔森（Geoff Nicolson）和斯彭斯·西尔弗（Spence Silver）热心解答我的问题。

另外，感激尼尔（Neal），他开的 P&C（Present & Correct）文具店是伦敦最棒的文具店。快去看看吧，现在就去！

我还要感谢鲍勃·帕特尔（Bob Patel）和伍斯特公园佛乐斯文具店的每一位员工，是他们让文具成为我一生的挚爱。

要不是埃德·罗斯（Ed Ross）在推特上创建了"文具俱乐部（stationery club）"这个话题标签，这本书也不太可能诞生。谢谢你，埃德！

最后，我想感谢娜塔西亚·卡弗尔（Natassia Caffer）。无数个周末和深夜，我都埋头于纸片堆和便利贴堆里搜集资料，而她始终对我很有耐心。

（对了，我还得感谢我妈妈，在过去这一年里，她几乎逢人就要推销我的书。）

1　本书中所加的图片不是原版的。
2　本书中文具品牌名称凡有官方译名皆用官方译名，其余皆为译者音译。

· 第一章 ·

维洛斯1377-
旋转文具收纳盒

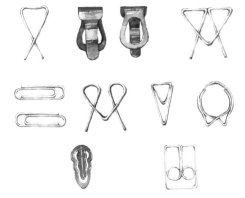

我自幼在萨里郡（Surrey）小镇的伍斯特公园（Worcester Park）长大。小时候，每隔一段时间，我就会去繁华商业街上的那家佛乐斯文具店[1]逛逛。我对那家店一直很感兴趣。没错，山脚下有一家比它规模更大的W.H.史密斯[2]，我也在那儿花了不少时间看钢笔，但这两个地方不是一回事。佛乐斯似乎更执着于文具，而W.H.史密斯除文具之外，还卖图书、杂志、玩具、糖果和录像带之类的东西。相比之下，佛乐斯更专一，店里的回形针和标签五花八门，但又不是W.H.史密斯店里的那类玩意儿。佛乐斯有适合大页纸的悬挂式文件夹，还有其他办公用品，都不是适合儿童使用的文具。店里很安静，也很沉闷，有点像图书馆。或者说，至少它算是半个图书馆。另外半边卖的是贺卡、包装纸，还有些便宜的小礼品。我对那些没什么兴趣，但这半边就是我的地盘，那成架的钢笔、铅笔深深地吸引着我。我会在这儿待上半天，把它们拿在手里倒腾来倒腾去，偶尔还会买几支笔回家。

　　几年前，我又去了一趟佛乐斯文具店。它还是我记忆中的那个样子，几乎没什么变化，连柜台后面的收银员都还是同一个人。我其实也没什么特别要买的，不过我还是在店里逛了逛，东看看西看看。在几盒记录卡（希尔维恩[1]，204毫米×127毫米，印有平行线）后面，我看到一个看起来很破旧的方盒子，长宽约莫6英寸[2]，高2英寸的样子。盒盖上，花哨的粉色底上印着一行白字："维洛斯1377-旋转文具收纳盒"（Velos 1377-Revolving Desk Tidy），下面还有一行稍小些的字："六格，有盖"，旁边印着黑白的实物展示图。我把盒子取了出来。我从没听说过"维洛斯"这个牌子，不过看看那个盒子，也就不觉得奇怪了，估计这个文具收纳盒的岁数比我还大。它看起来像20世纪70年代末的东西，上面全是灰，应该很多年没人碰过它了。它一直被卡在架子里面，被人遗忘。我得把它买回去，于是我拿着它去柜台付钱，收银员没有在盒子上找到条形码。那个年代还没有条形码扫描仪，好在盒子后头有张已经褪色的价格贴纸：5.1英镑（这应该不是最初的售价吧？是的话也太贵了。价格什么时候被人改过呢？）。收银员耸了耸肩，往收银机里输了价格，我付钱的时候，他在一本小存货簿上做了记录。

到家后，我很小心地打开盒子，生怕把它弄坏了。盒子里放着1377-旋转文具收纳盒，它完好无损。这也不奇怪，虽然它有

1　希尔维恩：Silvine，一个英国文具品牌，由英国约克郡的辛克莱文具店（Sinclairs Stationer's）创立。

2　1英寸合2.54厘米。

些年头了，但我买回来时，它实际上还是新的。这个文具收纳盒呈筒状，体积不大，是高抗冲聚苯乙烯材质的，顶部有个透明的封盖，透过封盖能看到这个筒状收纳盒被隔成了6格，里面可以放些零碎物件。从上往下看去，这个收纳盒有些像从中部横切开的柚子。封盖上有个扇形口，形状大小刚好跟一个分格的开口吻合，扇形口上面还有个小盖子，你可以转动它来打开或者关闭那个扇形口。封盖也可以转，因此，不管你想拿哪个分格里的东西，只要把扇形口对准它，就可以从里面拿出回形针、图钉或者其他任何你放进去的东西（盒盖上的实物图展示的是空的文具收纳盒，没有"使用方法"——维洛斯相信顾客的智慧）。

我仔细地把这个文具收纳盒填满。现在，第一个分格里满满地装着67枚钢制回形针。我不记得这些回形针是什么时候、在哪儿买的，单看这些回形针也看不出什么线索。我只能为我模糊不清的记录而道歉，但在你批评我粗心大意之前，我想说，我也不过是受了社会环境的影响才会这样的。身处所谓的文明社会，我们一直都十分麻木[1]——或者说很自负——以至于我们不愿费心去记录是谁发明了回形针。

提到回形针的时候，你脑中可能会立刻出现它的样子——两端弯曲的双环设计，像用金属丝做出来的长号。但这其实只是众多回形针中的一种，它叫"宝石牌回形针"（Gem），这个名字是英国的宝石有限公司取的。这家公司跟回形针的整体发展没有什

---

1 麻木：法文原文是 blasé，意思是"感觉麻木的，感到乏味的，厌倦一切的"。

么直接关系，但它的营销工作做得很出色，所以"回形针"这个名字才如此深入人心。实际上有不同类型的回形针。那为什么我们不知道回形针是谁发明的呢？困难之一在于回形针的种类、设计样式繁多，不少人都虎视眈眈，声称自己是回形针的发明者。各种说法层出不穷，使这个谜团变得越来越复杂。最常见的说法是，回形针由挪威的专利局职员约翰·瓦勒（Johann Vaaler）于1899年发明。他的专利申请（1899年在德国提交申请材料，两年后转至美国）中的回形针是"用一段可弯曲的材料（比如金属丝）拧成矩形、三角形或其他形状的环，且材料尾端与起始端并列，但顶端的朝向相反"。其专利申请描述中提到的个别特征确实跟宝石牌回形针很相似，但是，我最爱的网站——"早期办公室博物馆"（Early Office Museum）网站毫不留情地指出："他的设计不是最早的，也不怎么重要。"

瓦勒生前，人们并不觉得他"可能是回形针之父"。在他死后，他的故事越来越多，人们竟试图将他塑造成挪威的一位民族英雄。当初，纳粹侵占挪威，人们将回形针佩戴在身上，以示抗议。这实际上跟瓦勒是个挪威人无甚关联（尽管瓦勒最初提交的专利申请确实在20世纪20年代就被发现了，但是过了很久，人们才开始相信回形针是他发明的），不过这一举动还是巧妙地传达了一个信号——用于装订的回形针提醒着挪威人要团结一致，抵抗德国占领军（"我们联合在一起"）。战后的那几年，人们开始普遍相信回形针是瓦勒发明的，挪威的百科全书也收录了这个说法。而且，"回形针象征着反抗"之类的故事也被搅了进来。如此一来，回形针的地位得以迅速提升，几乎成了挪威的国家象征。1989 年，为了纪念瓦勒，BI 挪威商学院[1]在桑维卡（Sandvika）校区立了一个 7 米高的回形针雕塑（后来挪到了奥斯陆校区）。不过，这个雕塑跟瓦勒专利申请中描述的回形针并不相同——雕塑展示的回形针较"宝石牌回形针"来看有所改动（有一端稍微变方正了些）。无独有偶，10 年之后，挪威发行了一套纪念瓦勒的邮票，邮票上印在瓦勒旁边的回形针并非瓦勒设计的，而是"宝石牌回形针"（尽管邮票的背景中还印有他当时的专利申请书）。

跟瓦勒的设计相比，另一个设计更接近于"宝石牌回形针"，其专利属于马修·斯库利（Matthew Schooley）。1898 年，他改良了同时期其他回形针的造型，设计了这种"纸夹"。他在专利申请中解释说：

> 我知道，此前已经有人设计了一些回形针，跟我的设计思路大致相同。但是，就我所知，他们设计的回形针都有一个突起的部分，不能完全与纸面贴合，这一点让人不太满意。

瓦勒设计的回形针是一个平面回环，而斯库利回形针的回环部分与自身重叠，这样一来，回形针就能与纸面完全贴合，不会

1　BI 挪威商学院：一所得到国际承认的私立大学，位于挪威首都奥斯陆，成立于 1943 年，其标志 BI 来自学院原名 Bedriftøkonomisk Institut。

有任何突起的部分，因此不会被别的东西钩住。此外，斯库利还补充道："这种回形针不会把夹着的纸张弄皱。"这确实是一大改进，但这还不是"宝石牌回形针"。

直到 1899 年，专利文献中才第一次出现类似"宝石牌回形针"的设计。威廉·米德尔布鲁克（William Middlebrook）为其能够自动生产"用来代替图钉、用于装订和固定纸张的回形针"的机器申请专利，专利申请中还附有图片，展示回形针的大致形状与特征。图中所示的回形针酷似"宝石牌回形针"，可是这份专利申请只针对机器，图片只是为了解释机器能生产出什么样的回形针。而且，在此机器出现之前的十多年，人们就已经知道"宝石牌回形针"了。亨利·波卓斯基教授［Henry Petroski，《利器》（*The Evolution of Useful Things*）的作者］曾引用亚瑟·佩恩（Arthur Penn）1883 年所著图书《家庭图书馆》（*The Home Library*）中的一句话来赞美回形针，称其在用来"装订分类纸张资料、信件或者手稿"时，比别的工具好用。

尽管设计出"宝石牌回形针"的不知名人士在斯库利和瓦勒之前就出现了，但是，还有比那更早的回形针设计。塞缪尔·B. 费伊（Samuel B. Fay）是最受世人认可的"回形针发明者"，不过他发明回形针时根本没想用它来固定纸张——1867 年，他设计这个"票夹"是为了取代图钉把标签或票据固定在上等纺织品上。在那之前，人们都是直接把图钉戳在纺织品上，这样会戳出很多小洞，损坏纺织品（不过他在专利说明中也说明，这个票夹也可以用来把两张纸夹一起）。费伊的设计是"把一段铁丝扭成环，然后将剩余的铁丝两端往回掰，直到可以卡进刚才扭成的环中，整体形成一个弹簧扣"。这个设计有点像我放在维洛斯文具收纳盒第二格里的交叉回纹针（Premier-Grip Crossover Clip）。

著名哲学家赫伯特·斯宾塞（Herbert Spencer）在 1904 年出版的自传中声称，自己在 1846 年发明了"订书图钉"（Binding Pin）。如今，人们熟知斯宾塞皆因其名句"适者生存"，却不知他还是个重要的发明家。他发明这个图钉是为了固定报纸、期刊等"未装订的出版物"，以便阅读（报纸"从中间打开，把图钉戳进报纸中缝的上端和下端，所有页面都被图钉固定住，位置也就固定了"）。斯宾塞跟梅塞尔·阿克曼公司（Messrs Ackermann & Co.）签了协议，允许他们生产这种图钉。第一年，这些图钉卖了 70 英镑（相当于今天的 6150 英镑），但此后销量急剧下降。一开始，斯宾塞认为问题在于阿克曼不懂得怎样卖出更多的图钉（"我觉得问题在阿克曼，他不善经商，生意失败之后不久就自杀了"）。不过，斯宾塞后来声明：问题在于民众"疯狂追求"新奇事物，却"完全不懂得辨别好坏。好东西被抛弃，人们转而使用新潮但糟糕的产品。考虑到底哪个东西更好这样的问题没什么意思"。这讲的就是适者生存。

在上文所说的这些文具出现之前，人们用圆柱销固定纸张。不过，这种固定工具有很多明显的缺陷，比如圆柱销会戳破纸张。纸被固定在一起了，但是每张纸上面都多了个洞。这样的设计实在不太理想，如果能解决这个问题，那绝对算得上是一大进步。而且，去掉锋利的尖头，也相对安全些。回头想想，回形针——比如费伊设计的那种——明显比圆柱销好得多。于是你忍不住想问：为什么没人早点想到这点呢？不过，这个问题——"为什么没人早点发明出回形针呢？"——忽视了设计过程中根本的一点。在当时的社会环境下，圆柱销很实用。是的，圆柱销是有缺陷，但在当时除此之外，别无选择，也就没理由抱怨它不好了。圆柱销没有非要改进的理由，就那样也挺好的。要让圆柱销升级迭代，前提是要改变它所处的社会环境。19世纪末期发生了三件改变社会环境的大事，回形针也就应时而生。

最重要的一点是，要想设计出回形针，首先，必须有稳定生产可以随意变形的铁丝的技术。只有这样，回形针才能正常使用。其次，回形针的生产成本和销售价格要低廉到大众能够接受的程度（虽然人们不希望纸被圆柱销戳个洞，但如果回形针太贵，那人们也就不那么在意圆柱销的缺陷了）。最后，政府办事机构迅速发展。这是工业化带来的副产品，也是实现前面两点的前提。随着新的办公环境的产生和大型基建的开展，大量文书工作随之而来。新的资料整理方法随之产生，回形针的时代也因此到来。

不少地方都能同时满足这三个条件，因此，19世纪末，许多国家几乎同时出现了各种回形针的设计也就不足为奇了。从1867年起，很多人都在申请专利，简直让人眼花缭乱，大家都试图找出一个用一块金属就可以固定不少于两张纸的最佳方案。他们设计的回形针五花八门——1894年，乔治·法默（George Farmer）设计出"尤里卡（Eureka）回形针"：就是从铁片上切割下来的椭圆形铁片，中间有一条尖齿，用来夹纸；1895年，有人设计出"实用

（Utility）回形针"：形似对折过的老式拉环；1897 年出现一款"尼亚加拉（Niagara）回形针"：基本上就是把两个费伊回形针连起来；1897 年，还有一款"小剪刀（Clipper）回形针"，跟"尼亚加拉回形针"相似，只是把环变成了尖角；1904 年出了一种"韦斯（Weis）回形针"：等腰三角形中套着一个等边三角形；还有一种名字比较花哨的"大力神两用回形针（Herculean Reversible Paper Clip）"：把铁丝扭成两个略微倾斜的等腰三角形；还有"帝王（Regal）回形针"或"猫头鹰（Owl）回形针"：看上去有点像猫头鹰——就像一只猫头鹰被关在一个小笼子里养大，渐渐长成奇怪的方形；1902 年出了一款"完美（Ideal）回形针"：铁丝被扭成复杂的蝴蝶造型。各种各样的回形针层出不穷——"林克利普（Rinklip）回形针""大人物（Mogul）回形针""丹尼森（Dennison）回形针""伊兹翁（Ezeon）回形针"……

1902 至 1903 年，有个名叫乔治·麦吉尔（George McGill）的人，提出了十多份回形针的专利申请。此人想必醉心于文具设计，一刻也闲不下来（他还设计了纽扣型纸夹、票夹和订书机）。我想他肯定没完没了地在信封背面或纸片上涂鸦他的新设计，而他懊丧的妻子则十分绝望，怀疑他连跟自己一起躺在床上、一起吃饭的时候也心不在焉，一心想着如何设计出完美的回形针。他的理想最终实现了几分呢？看起来，他并没有取得多大的成绩。由于麦吉尔造成的混乱，"早期办公室博物馆"网站并未收录1902 年后注册的回形针设计：

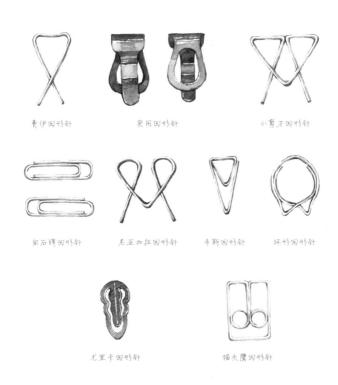

黄伊回形针　　　　　实用回形针　　　　　小剪刀回形针

宝石牌回形针　　　尼亚加拉回形针　　　韦斯回形针　　　环形回形针

尤里卡回形针　　　　　猫头鹰回形针

　　1902 年后申请专利的回形针，除非有证据证明它们曾投入生产，否则我们不会收录。我们之所以这么做，是因为1903 年出现了 13 种回形针，其中，有 10 种的发明者都是乔治·W. 麦吉尔。在他发明的 10 种回形针中，除了'五弦琴（Banjo）回形针'外，都没有证据表明曾投入生产或有广告宣传过。

可能麦吉尔的许多设计仅仅止步于得到专利，但是"早期办公室博物馆"网站的做法对他有点不公平。至少，麦吉尔1903年设计的一款回形针也曾投入生产——我桌上就有一盒"环形（Ring）回形针"（这款回形针的专利属于乔治·W.麦吉尔，1903年6月23日及11月7日）。

虽然这段时间的回形针设计层出不穷，但沿用最久的仍是狭窄双回环设计的"宝石牌回形针"，人们常说它是"完美"的设计。纽约现代艺术博物馆（the Museum of Modern Art in New York）和德国维特拉设计博物馆（the Vitra Design Museum）都曾做过"宝石牌回形针"的展览。《费顿设计经典》丛书的一位编辑艾米莉亚·特拉尼（Emilia Terragni）将回形针列为她最爱的物件之一：

> 因为回形针中蕴藏着设计的本质：既有漂亮的设计，又是简单的机械构造，100年也不曾变化——还是老样子。即使过了100年，它依然很实用，人人都要用它。

但是，"宝石牌回形针"真如众人所说的那样完美无缺吗？所有谈论回形针漂亮设计的文章，都只盯着回形针本身，避而不谈回形针在使用时是否仍然漂亮。其实，一旦拿来夹纸，回形针有一半会被纸张挡住。如果夹的文档较厚，回形针就会扭曲变形。很多时候，人们过分注重回形针简约的设计，对其功用性的夸赞也言过其实。

另外，说它100年都不曾变化，这一点也值得怀疑。确实，我们如今使用的回形针与19世纪90年代广告里描绘的回形针十分相似。但很多回形针，虽然看起来跟"宝石牌回形针"相似，但是在细节上总有些细微的差别。现在有一种嘴唇形状的回形针，内环顶端微微上翘，这样的设计使得纸张更容易卡进回形针里（不过乔治·麦吉尔在1903年的专利申请中就曾提出此构想）。另外还有一个变种是亨利·兰克努（Henry Lankenau）1934年设计的"哥特式（Gothic）回形针"——传统回形针的两端都是罗马式圆头，而"哥特式回形针"一端呈方形以便与纸张齐平，另一端成三角尖形，以便于夹纸。而波纹形的回形针增加了摩擦力，可以防止纸张滑落。虽然它们之间的差别都很小，但总归也有变化。去过雷曼文具店（Ryman Stationery）后，我想说的是，现在，原版的"宝石牌回形针"和改进版的回形针大约各占一半。

既然"宝石牌回形针"实际上并不像人们想象的那么好，它为什么还被公认为是完美的设计？这或许是因为不管从什么层面看，"宝石牌回形针"都能令人满意。虽然它不是完美的，但它已经够好了，总的来说可以打80分。虽说稍作改动能使它某一方面的性能增强，但与此同时，会导致另一方面出现问题。比如，"嘴唇状设计"使其一端翘起可以让纸张更容易卡进去，但是这样一来，同样一堆文件需要占用的空间将会变大。又比如"哥特式回形针"，虽然更好用，但是容易把纸刮坏或撕破。而用波纹形的回形针，虽然纸不容易掉出来，可是要想把纸拿出来也不容易。"宝石牌回形针"尚不完美，人们还会继续改进。不过，要想设计出一种跟它一样各方面都能兼顾得当的新产品，那可得大费脑筋了。

维洛斯 1377- 旋转文具收纳盒上有宣传广告，它的包装盒上也有一份清单，列着同类型的其他产品，包括一系列办公室必备用品：

130- 印章架

176- 旋转文具盒

006- 双球滚动型湿手器

1365- 点钞用湿手海绵缸

1502- 加湿印泥垫板

还有一系列的维洛斯订书机和订书针：

347- 长柄装订机

300- 猎鹰款

325- 温莎款

330- 平头钉

23- 起钉器

321- 猎鸟款

还有一些穿孔器和打孔机：

4362- 加强型打孔机

4363- 简易打孔机

950- 打眼及打孔机

4314- 闪电款

4316- 加强款

4324- 四孔款

　　维洛斯系列还有 75 种以上不同型号的橡皮圈；5 种型号的橡胶顶针；3 到 5 层不等的旋转式或层叠式案头文件盒；6 种案头卷笔刀；3 种卷笔刀袖珍模型；20 多种颜色的图钉，既有管装的，也有罩板包装的；3 种用来装微影卡和索引卡的小柜子（5 英尺×3 英尺，6 英尺 ×4 英尺，8 英尺 ×5 英尺）。每套产品的实物展示图的背景都是亮色的。这些颜色在当时的报刊彩色增刊上都能找到，非常闪亮，看起来像浸在糖浆里一样。从这些文具的配色可以看出，当时人们热衷于将橙色和褐色搭配在一起，这种颜色组合让我怀念起那个我还太年轻而无法真正记清事情的时代。

　　我在维洛斯 1377- 旋转文具收纳盒的第三个分格里放满了黄铜图钉。从名字就可以知道，"图钉"一开始是制图员用来固定图纸的。这些图钉也曾形态各异、设计不一，从最开始简单的直钉子慢慢演化而来。

　　图钉的设计日渐完善，人们开始争论到底是谁发明了如今为人熟知的图钉。有人认为发明者是奥地利工程师海因里希·萨克斯（Heinrich Sachs）。萨克斯图钉设计于 1888 年，是中间有个 V 形切口的钢制小圆片。V 形部分被折起，形成图钉尖。这种图钉在英国不怎么流行，但在其他国家很受欢迎。

　　英国更常见的图钉是我放在文具收纳盒里的那种黄铜图钉，美国人称之为"拇指背"（thumbtack）。这种图钉顶端是个半球状黄铜，球心向下焊接着尖锐的钉尖。还有人说，图钉是德国火柴制造商约翰·科尔斯滕（Johann Kirsten）于 1902 至 1903 年间发明出来的。其中一种说法是：在那之前，科尔斯滕（跟此前的很多人一样，毫无疑问）只是用一根简单的直钉固定图纸。后来，他意识到，如果让钉子顶端稍大一些而且是平面的话，就不会那么容易伤到手了。于是他敲出一块黄铜小圆片，并将钉子从圆片中间钉入。不过，这个设计并未给科尔斯滕带来多少利益。虽然他也卖了一些图钉给当地的工匠，但还是囊中羞涩（很可能是因为他酗酒。他好像还曾叫马车从家送自己去隔壁的酒吧，而那时他的孩子全都在家挨饿）。最后，科尔斯滕把专利卖给工厂主亚瑟·林德斯泰特（Arthur Lindstedt）。可惜，这个设计有个缺陷：稍一用力，顶部的圆盘就会脱离钉子。这严重影响了其市场前景，总之就是设计不够好。后来，亚瑟的兄弟奥托（Otto）接管工厂，并让员工解决了这个问题。1904 年 1 月 8 日，奥托在柏林专利办公室为这个改进版图钉申请了专利（专利号 154 957 70E）。靠这种新图钉，奥托赚了一大笔钱，林德斯泰特工厂的每个员工每天都能生产成千上万的图钉，然后出口到欧洲各地（亚当·斯密要是知道这事，一定很骄傲）。科尔斯滕很快就被人抛诸脑后。

　　好吧，也不算是被人忘得一干二净。2003 年，为了纪念图钉发明 100 周年，利兴[1]郊区一家小旅馆的经营者克里斯塔·克特（Christa Kothe）花钱立了一尊雕塑。雕塑没有立在利兴市中心，也没有立在科尔斯滕工作坊附近，而是直接立在了旅馆门外。有人说，整件事是旅馆的宣传噱头，而非不带私心地纪念这个为文具做出卓越贡献的"英雄"。因为，这个雕塑不仅立在了城里错误的地点，甚至立在了错误的国家——而且，如果真是为了纪念图钉发明 100 周年，也晚了几十年，因为科尔斯滕并不是第一个发明图钉的人。

《牛津英语字典》中对图钉的解释是"用来将绘图纸固定在板、桌面等平面上的平头钉"，例句引用的是 1859 年的一个文本——F. A. 格里菲斯的《炮兵男》（*Artillerist's Man*）：

用图钉把它牢牢固定住……

我们还能找到更早的记录，出版于 1826 年的《艺术科学登记簿》（*The Register of the Arts and Sciences*）第三卷对图钉有这样的描述：

因此，如果能把一个小图钉固定在圆心，那么就能更简单、更精确地画出准确半径的圆形。

1　利兴：Lychen，德国勃兰登堡州的一个市镇。

17

从这段话中看不出所指的图钉是什么形状的，不过文中说它是小图钉，估计只是简单地改进了一下用了很久的直钉。另外，这段话中描述的图钉并不是用来固定图纸的，而是被用作辅助工具，以便画出圆滑的曲线。因此，那种图钉与我们如今熟知的图钉完全不是一回事。这样看来，或许我们不该急于否定约翰·科尔斯滕。不过，罗伯特·格里菲斯·哈特菲尔德（Robert Griffith Hatfield）1844 年写的《美国家庭木匠》（*The American House-Carpenter*）有更详细的描述：

> 图钉有一个纽扣一样的铜质底盘，从下往上突起一根针。每个角戳一个图钉，就可以把纸张固定在木板上了。

约翰·弗莱·希瑟（John Fry Heather）1851 年写的《数学工具论》（*Treatise on Mathematical Instruments*）中也有相似的描述：

> 图钉有一个黄铜平面，中间垂直立着一根钢针。

为表明他说的正是我们如今所知的图钉，希瑟还附了一张插图，的确是我们熟知且喜爱的那种图钉。老约翰（约翰·科尔斯滕）真可怜。不过，就像另一个约翰（约翰·瓦勒）至少能因为大家认为回形针是他发明的而心怀慰藉一样，他应该也感到一丝安慰吧，毕竟他的同胞被他感动，在他死后为他立了个不甚准确的雕塑。虽然几十年后人们对他的记忆有些偏差，但还是算得上是一种光荣吧。

看起来，图钉是欧洲的历史产物，不过我的维洛斯 -1377旋转文具收纳盒第四格里放的却是美国的"美式图钉"（push-in）——它是1900年新泽西州的艾德温·摩尔（Edwin Moore）所设计的。摩尔在照相馆工作，他对当时可用的图钉都不满意，一直想找个更加简便的工具来悬挂需要晾干的相片：

> 可是我发现用这个东西时有很多不便，把它戳进相片后，手指总是打滑，不容易拿稳，一不小心还会撕坏相片或者在相片上留下红色的指纹。而且，洗照片的液体会腐蚀钉子和金属铁帽，在照片上留下污点。

摩尔的解决办法很简单，照他自己的话说，就是"给图钉加个柄"。小小的钢针顶上戴着顶精巧的玻璃帽子。他还曾建议再把针顶弱化，并"适当装饰"一下。为此，他做了个既像猪又像狗还似乎是个熊（图片不清晰）的小模型来说明。离开照相馆之后，摩尔拿出112.6美元的积蓄，着手生产他设计的图钉。他晚上生产图钉，第二天拿出去卖。他接到的第一笔订单卖了144个图钉，共计售价2美元。不过他很幸运，接到的订单越来越多，没过多久就接到了来自伊士曼·柯达公司[1]1000美元的大订

1　伊士曼·柯达公司：Eastman Kodak Company，简称柯达公司，曾是世界上最大的影像产品及相关服务的生产和供应商，总部位于美国纽约州罗切斯特市。

单。接到订单后，他将赚到的钱再次投入生产，同时加大力度做广告，宣传产品的第一支广告刊登于 1903 年出版的《女士家庭杂志》(*The Ladies' Home Journal*)，广告费高达 168 美元，他的公司因此迅速腾飞。实际上，摩尔美式图钉公司至今仍在营业，主要生产"小玩意儿"，例如带编号的圆头图钉（长长的细针柄上顶着一个球形图钉头——我的维洛斯文具收纳盒第五格里就放着一些）、Pic-Sure-Stay（注册商标）牌和 Snub-It（商标）牌的相框悬挂钩、Tacky-Tape（注册商标）牌高温密封胶带，当然了，还有自家的摩尔美式图钉（不过可惜，早期的玻璃帽图钉已经停产）。如今，摩尔美式图钉有塑料头的、铝头的和木制头的，还

美式图钉

有一种细图钉（Thin Pin，扁平版的美式图钉，可以弯曲 90 度后夹资料，因而不用把纸戳穿）。

与欧式图钉相比，美式图钉有不少优点。因为加了"柄"，美式图钉更加容易取出，图钉针部被完全戳进平板的时候尤其如此。1916 年的一期《大众机械》(*Popular Mechanics*) 杂志曾记载，有人试图设计出一种新图钉来解决这个问题：

……带半圆形柄，柄尾在图钉头部形成圆孔。图钉的圆头可以一半大一半小，那样柄尾可以与图钉头贴合，形成闭合的圆孔。

似乎没有必要设计得如此复杂，而且还是没有脱离"给图钉加个柄"这个层面，更何况美式图钉已经用更简单的方法解决了这个问题（虽然美式图钉的造型决定了它无法与其戳入的平面齐平，因此不适合用在狭窄过道里的布告板上，因为路过的人一不小心就会刮落用图钉戳在那儿的 A4 纸，这可能会造成一些小麻烦）。

　　与老式图钉相比，美式图钉还有一大优势——它可以降低受伤的风险概率。有一种情形在与文具相关的受伤情况中最为常见：老式图钉掉到地上时往往针尖朝上，就等着你不小心踩上去，直接扎进你的脚底（当脚踩上图钉时，你痛得直叫唤，惨兮兮地单腿跳到附近的椅子上坐下，抬起脚来才发现原来是图钉戳进了肉里），而美式图钉头部较小，针部细长，落在地面上不太可能像老式图钉那样尖端朝上，应该会横躺着。要是当初 RC 哈米特（RC Hammett）屠宰有限公司用的是美式图钉多好，那样南清福德（South Chingford）的多丽丝·尼科尔斯（Doris Nichols）女士就不会有那次惨痛经历了。1932 年 6 月 18 日，尼科尔斯女士在当地的肉铺里买了一只鸡、五个猪肉派。当晚，她正开心地享用着猪肉派，突然感觉嘴里一阵剧痛，她伸手去掏，竟拿出一个图钉。之后，她的喉咙开始红肿发炎，看过医生之后还是不能进食。《泰晤士报》在一则报道中说"至 6 月 22 日，她的病情已十分严重。6 月 23 日和 24 日，她还出现吐血症状"。后来还有一则报道，是我见过关于图钉的描述中最可怕的一句话："6 月 25 日，她排泄出一个图钉。"

肉贩承担了相关责任，但他称这种事故"随处都有可能发生"。他解释说，可能有人"拆台布的时候取出了固定台布用的图钉，忘了带走，而送猪肉派的人没留心，把猪肉派放在了图钉上"。可想而知，尼科尔斯要花不少时间才能结束这段痛苦，接下来的那几个月，她整整瘦了近 28 磅。同年的 11 月，该案件庭审，尼科尔斯的医生布莱恩·布克利·夏普（Bryan Buckley Sharp）解释说："她本来就很容易精神紧张，这次可怕的经历，很可能让她极度不安。"最终，麦克纳顿（MacNaghten）大法官判给尼科尔斯女士 200 英镑赔偿金，麦克纳顿表示"没有什么比吞下一个图钉更让人不快的事了，不论是谁，一旦经历这种事，是很难忘记的"，但同时，他也承认"这纯粹是个意外，猪肉派本身也没有错"。

我的维洛斯 1377- 旋转文具收纳盒最后一个分格里满满地放着 24 个不锈钢夹子，它们跟瑞克的 Supaclip 纸夹（Rapesco Supaclip）推夹器相配套。瑞克推夹器结合了佩斯（Pez）推夹器和索尼克（Sonic）螺丝刀的优点，是一个透明的手持设备，使用时推动弹簧拇指触发器即可。夹钳状的金属纸夹从推夹器口出来时，纸夹口会被撑开，牢牢地夹住纸张。纸夹可手动取下，反复使用。瑞克公司认为 Supaclip 纸夹"新颖独特、独一无二"，而且深信有很多人会抄袭这个设计：

告别回形针吧，留心仿制品。Supaclip（注册商标）40 推夹器最多可夹 40 张纸——仿制品可没法做到这一点。

或许他们这样的迫害妄想症也不是没有道理。他们被同一个问题烦了太多次，最终不得不把它列进常见问题清单里：

问：你们的纸夹适用于别的推夹器吗？
答：也许能用，但操作不一致。

1946 年 3 月 14 日，瑞斯·皮奇福德有限公司（Rees Pitchford & Co.Ltd）注册了维洛斯商标，旗下产品有：

非摄影装备专用的胶黏材料（文具）、油画笔、办公必需品和电器（非家具）、打印机。小刀、钳子、冲压机或类似产品不在销售范围内。

不过，维洛斯这个品牌在注册之前就已存在一段时间了。瑞斯·皮奇福德有限公司的前身是弗兰克·皮奇福德公司（Frank Pitchford & Co.），成立于 20 世纪初，30 年代末改名为瑞斯·皮奇福德有限公司。维洛斯品牌兴盛了多年，订书机、卷笔刀、打孔机上都印着维洛斯的经典标志"V"。可惜的是，跟其他文具品牌一样，维洛斯于 2004 年被大企业收购，其商标被分配给亚柯品牌集团（ACCO Brands）。

亚柯品牌集团听上去"籍籍无名"，但其实是全世界数一数二的办公文具供应商。一直以来，亚柯品牌集团逐步吞并别的公司，将其文具品牌收入囊中。该集团于 1903 年成立，当时名为美国文具夹公司（American Clip Company），旗下有威尔逊·琼斯（Wilson Jones，成立于 1893 年，发明了 3 环活页夹）、斯温莱因（Swingline，成立于 1925 年，是装订类文具的第一品牌，办公文具如订书机、打孔机、修剪机等领导品牌）、通用装订公司（General Binding Company，成立于 1947 年，其装订与层压设备供应全球领先）、蓝格赛（Rexel，"专注设计与创新 70 年"，蓝格赛旗下产品囊括了各式碎纸机、修剪机、多款文件夹，还有各种案头办公用品和工具）、德尔文铅笔（Derwent Pencils，"我们从 1832 年就开始在坎布里亚郡造铅笔了，我相信这门艺术已在我们手中臻于完美"），以及其他品牌。

就这样，维洛斯品牌从此不复存在，并入了一家其貌不扬的跨国公司。维洛斯这个名号虽然还在，但也不过是聊胜于无。蓝格赛的打眼机系列产品仍然使用维洛斯这个名字，但是这样一来，原本是一家生产各类基础办公用品和必需文具用品的公司，沦为了杂货店的供应商。我对杂货店没有太多兴趣，只对文具感兴趣。不过，这还重要吗？我在伍斯特公园的文具店里发现维洛斯文具收纳盒之前，压根儿没听说过这个品牌，为何要在意它的历史？可是，我对维洛斯了解得越多，就越想了解其他文具公司，还有那些我甚至从未听说过的公司。除了维洛斯，必定还有其他品牌，是哪些品牌呢？这些文具品牌以自己特有的方式成为我们文化遗产的一部分，它们一度广为人知，最终却销声匿迹，几乎无迹可寻。于我们而言，如今众所周知的文具品牌，未来是否也会像它们一般被人遗忘？除此之外，我还关心人，那些我们司空见惯的物件背后的人，那些品牌背后的人。我关心他们的生活和他们的往事。他们是谁？他们的种种经历到底如何？我想弄明白。

· 第二章 ·

关于人的一切，
都是钢笔教我的

动笔写书之前，我跟出版商签了一份合同。这是规矩，并非我们不信任彼此。比起光握个手点个头，签一份合同对双方来说都更有保障。这本书讲的是文具，因此，当签字的时候，我会为了要选对合适的签字笔而感到压力倍增。

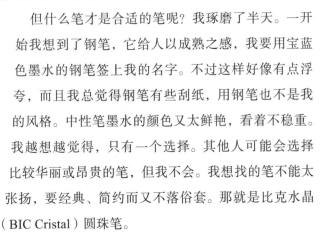

但什么笔才是合适的笔呢？我琢磨了半天。一开始我想到了钢笔，它给人以成熟之感，我要用宝蓝色墨水的钢笔签上我的名字。不过这样好像有点浮夸，而且我总觉得钢笔有些刮纸，用钢笔也不是我的风格。中性笔墨水的颜色又太鲜艳，看着不稳重。我越想越觉得，只有一个选择。其他人可能会选择比较华丽或昂贵的笔，但我不会。我想找的笔不能太张扬，要经典、简约而又不落俗套。那就是比克水晶（BIC Cristal）圆珠笔。

对很多人而言，比克水晶就是圆珠笔的代名词。我们很熟悉这种笔，但大部分人都不知其真名。不过，叫它"比克水晶"又略显矫情。对数以百万计的消费者而言，它的名字是"比克比罗（Bic

比克水晶圆珠笔

Biro）[1]”，但事实上，比克圆珠笔和比罗圆珠笔原本分属两家公司，双方官司纠纷不断，最后通过收购和联姻，两家公司握手言和。

1951年，马塞尔·比克（Marcel Bich）在法国发售比克水晶圆珠笔。20世纪30年代初，他从意大利搬去法国。在那里，他和爱德华·比法尔（Eduard Buffard）在一家附属于英国斯蒂芬斯墨水（Stephens Ink）的办公用品公司上班。二战结束后，他和比法尔在巴黎市郊的克利希[2]买了间小作坊，开了PPA（La société Porte-plume, Porte-mines et Accessoires）公司，比法尔任生产经理，比克任总经理，他们开始为当地钢笔公司生产配件。到了20世纪40年代末，有订货方开始向他们询问圆珠笔的报价，当时圆珠笔刚问世不久。比克迅速意识到，这种新的书写工具发展前景广阔，因此决定自己设计一套产品。

当初在斯蒂芬斯墨水公司工作时，比克结识了商人让·拉佛雷斯（Jean LaForest），拉佛雷斯有家小型的钢笔公司。1932年，拉佛雷斯跟同事让·皮侬（Jean Pignon）一起申请了圆珠笔机械装置专利。比克发现，当时市面上的圆珠笔里的墨水普遍存在问题，会漏出来弄脏纸或者在笔杆里干掉。因此，比克跟高-布朗康（Gaut-Blancan）公司合作研发了适用于圆珠笔的新型墨水。

1　比克比罗：Bic Biro圆珠笔，由拉迪斯劳·比罗（Ladislao Biro）发明，马塞尔·比克（Marcel Bich）购买了比罗的发明专利。
2　克利希：Clichy，法国法兰西岛大区上塞纳－马恩省的一个镇，位于巴黎郊区。

基于拉佛雷斯和皮侬的成果，比克设法解决了当时圆珠笔存在的各种问题，其产品远远优于同时期涌进市场的竞争对手。PPA公司设计团队以传统的六边形木质铅笔为模板，最终设计出如今我们熟知的圆珠笔造型。1950年年底，公司准备发售新型圆珠笔。

我们熟知的"比克（Bic）"品牌取自马塞尔·比克的姓——Bich，略去了字母"h"。这款笔最初由PPA公司发售（La société BIC，即比克公司两年后才成立），共有五种颜色可供选择，除普通的黑色、蓝色、红色和绿色之外，还有一种紫色笔。可以用来做特殊标记，具体有什么用我也不清楚。此外，比克系列圆珠笔分三款：一次性比克水晶圆珠笔（售价60旧法郎，相当于如今的1.5英镑）、可换芯的不透明圆珠笔（售价100旧法郎，相当于如今的2.5英镑），以及奢华的玑镂雕花圆珠笔（售价200旧法郎，相当于如今的5英镑）。综合看来，可换芯的不透明圆珠笔比一次性比克水晶圆珠笔划算，可是人们更喜欢一次性比克水晶圆珠笔，用起来很方便，仅一年时间就售出2500万支。

接下来的几年，比克公司开始大规模地开展营销活动，通过广播、媒体和电影院全方位推出广告。1952年环法自行车赛期间，比克公司租了一辆厢式货车，全程跟随自行车手，车顶上放着一个巨型比克水晶圆珠笔模型。街道两边挤满了观赛人群。用现在的广告语来说，当时那辆货车就是"优质房源"，宣传活动颇有成效。截至1958年，比克公司圆珠笔日产量高达百万支。从那以后，每逢环法自行车赛，比克公司都会开展宣传活动。

起初，圆珠笔笔尖的滚珠采用不锈钢材质，1961年改用碳化钨。这样一来，圆珠笔公司就能生产出更精细的笔尖。为了跟标准的1毫米笔尖的圆珠笔区别开，比克水晶新推出更细的0.8毫米笔尖，并重新进行包装设计。在那之前，比克公司重新确定亮橙色为公司产品主色调，因此0.8毫米笔尖的比克水晶笔也用亮橙色为包装的主要颜色。这个颜色一直沿用至今。其他圆珠笔生产商也纷纷效仿，用亮橙色来区别细线笔与笔尖更粗的笔。为了宣传0.8毫米笔尖的圆珠笔，比克公司聘请平面设计师雷蒙德·萨维尼亚克（Raymond Savignac）设计了一个吉祥物——"比克男孩"，一个小男孩把一支笔藏在身后（小男孩的脑袋刚好也是圆圆的碳化钨）。这个形象如今仍然在使用。

比克男孩logo

比克水晶圆珠笔的设计借鉴了传统木质铅笔的设计，不过要追根溯源的话，比克水晶的设计可以一直追溯到人类文明的源头。约30 000年前，人类在墙上和陶土上做标记，这是他们理解周围世界的方式。最早的洞穴壁画十分简单，就是用手指蘸着黏土画出来的。后来，经过编撰规整，这些图像慢慢变形，接近于文字。人们开始用简单的工具画这些象形字符，用芦苇秆在软泥板上写出楔形文字（这种原始的书写体系由美索不达米亚人发明于公元前3000年，"楔形"这个说法来自拉丁词语"cuneus"，意为"楔子"）。在埃及，人们用煤烟灰和水做成墨水倒进芦苇刷，然后

在莎草纸上写字。渐渐地，芦苇刷被遗弃，取而代之的是芦苇
笔——把中空的芦苇秆一头削尖，尖端正中劈开一道小口，形成
笔尖；墨水从芦苇秆另一端倒进去，淌到笔尖；类似于钢笔。

公元 6 世纪左右出现了羽毛笔。早先的芦苇笔书写笔画较粗，
莎草纸之类的书写材料表面粗糙，可以用芦苇笔在上面写字。但
书写材料变得越来越平滑，例如羊皮纸和牛皮纸，在这些纸上写
字时笔画要更精细。羽毛（通常是鹅毛）杆比较柔韧，因此笔尖
可以削得更尖，也不会像纤维材质的芦苇那样容易裂开。公元
624 年，塞维利亚的圣伊西多禄[1]（Saint Isidore）对羽毛笔（pinna）
和芦苇笔（calamus）都做了描述。这是关于羽毛笔的最早记录。
从他的描述中可以看出羽毛笔和芦苇笔是并存使用的：

> 抄写员用羽毛笔和芦苇笔把文字记录在纸上。芦苇笔用
> 植物制成，而羽毛笔用鸟的羽毛制成。笔尖被劈开一道口，
> 而笔杆保持完整。

圣伊西多禄还解释了这两种笔的称呼由来：

> 芦苇笔叫 "calamus"，得此名称是因为笔杆内放有墨
> 水。水手们用 "calare" 来表示 "放（to place）"。羽毛笔叫
> "pinna"，这个词来自 "hanging（pendendo）"，意思是 "飞

---

1 圣伊西多禄（560—636）：西班牙6世纪末7世纪初的教会圣人、神学家。

翔"，如上所述，用的是鸟的羽毛。

羽毛笔一直到公元 9 世纪才被金属笔尖取代，在那之前，人们一直都在用羽毛笔。这一点足以证明羽毛笔是十分好用的书写工具。早在罗马时期就已经出现了用金属笔尖的笔，不过这样的笔十分稀罕，而且那时要造出跟羽毛笔同样精细且富有表现力的笔尖实属不易。和羽毛笔相比，芦苇笔和原始的金属笔都有一个优点，那就是可以在笔杆内存储少量墨水。而用羽毛笔写字时需要不停地蘸墨水，这样书写时速度太慢，笔画总是中断，不够连贯。

羽毛笔

公元 10 世纪，哈里发[1]穆仪兹[2]下令研发金属笔，有人认为那就是钢笔的蓝本。据埃及法蒂玛王朝史学家卡迪[3]于 962 年所著的《布道书、旅途伴侣、停留之地及行政法规》（*Kitab al-Majalis wa'l-musayarat wa'l-mawaqif wa'l-tawqi'at*）记载，哈里发当时的要求是发明出"一种自带墨水存储器的笔，书写时不需要依赖墨水

---

1 哈里发：伊斯兰政治、宗教领袖的称谓。阿拉伯语音译，原意为"代治者""代理人"或"继承者"。
2 穆仪兹：全名艾布·塔米姆·麦阿德·穆仪兹，法蒂玛王朝第四代哈里发、军事家，又名穆仪兹。
3 卡迪：全名 Qadial- Nu'man al Tamimi。

盒"，笔杆中装满墨水，写完字后"墨水就变干，书写者把笔收进袖子或随便放在哪里，都不会留下墨渍，墨水也不会漏出来。只有需要让墨水流出或想要写字时，墨水才会流出来"。卡迪问穆仪兹有没有可能造出这种东西，穆仪兹说："只要真主愿意，一切皆有可能。"

短短几天，宫廷匠人们就"用金子打造了一支笔"，不过这支笔"出墨有点多"，哈里发下令改进，于是做出的新笔"就算在手里颠来倒去也不会漏一滴墨水"。卡迪明显被这支笔震撼到了，看见笔的时候，他写道：

> （它是）一个完美的道德模范，因为在人需要它的时候，它便奉献自身所有之物，做些有用的事情，它就是为了写字这样实用的目的而生的。只有真正想用它的人，才会得到它的恩惠，只有真正得到它认可的人才能使唤它，否则一滴墨水也流不出来。

可惜的是，卡迪只字未提这支笔是如何评判人的品性的，他也没说这支笔的制作细节。

整个 16 世纪，人们都在不断尝试，试图研发出自带墨水存储管的笔。莱奥纳多·达·芬奇的《大西洋古抄本》（*Codex Atlanticus*）中有一张 1508 年的插图，图中的笔自带圆柱形墨水管，管顶有盖封口，防止墨水泄漏。1632 年，瑞典国王古斯塔夫·阿道夫二世（Gustav Adolph II）收到一支自带墨水管的银笔，续墨之前能连续书写两个小时。丹尼尔·斯温特（Daniel Shwenter）在 1636 年出版的《数理物理学之趣》(*Deliciae Physico Mathematicae*) 中描述了一种羽毛笔，笔内还嵌有另一根羽茎。内嵌的羽茎中也会装满墨水，并用软木塞封口。1663 年，塞缪尔·佩皮斯（Samuel Pepys）谈到自己曾收到威廉·考文垂（William Coventry）的信："信中附有一支银笔，考文垂说这支笔自带墨水。这非常有用。"后来，佩皮斯曾点着小摊上买来的蜡烛，借着光在伦敦桥下给汤姆·哈特（Tom Harter）写信，信中说他"从未想到随身带的笔、墨水和蜡这么有用"。他写这封信时用的笔说不定正是考文垂给他的那支银笔。

截至 18 世纪早期，能连续书写长达 12 小时的金属笔尖"耐用"笔陆续研发成功。不过，这样的笔设计繁杂、墨水容易泄漏且生产成本高，因此羽毛笔仍是主流。直到 19 世纪中期，羽毛笔才被带有金属笔尖的蘸水笔所取代。

19 世纪，生产工艺水平提高，生产出来的笔尖比以往的更精细灵巧，所以金属笔尖渐渐风靡。金属笔尖的寿命远长于羽毛笔尖，而且成本低廉，可以大规模生产。人们将金属笔尖嵌进红木笔杆或银笔杆中，一旦笔尖磨光了，换掉笔尖即可。不过，也有些人嫌金属笔头太尖了，会把纸弄破。维克多·雨果认为这种笔简直就是"针"，于是弃之不用；法国作家兼批评家儒勒·雅南（Jules Janin）更是称之为"一切邪恶的根源"，他说：

> 钢制笔尖这种现代发明让我们很不舒服。这就像是有人

被逼着爱上这个浸在毒液中、小得几乎看不见的匕首。笔尖
尖锐得像把剑，两侧开锋，好似造谣者的毒舌。

只可惜，雨果和雅南偏爱的羽毛笔还是渐渐消失了。

1809年，派更·威廉姆森（Peregrine Williamson）在巴尔的
摩申请了"金属书写笔"专利。不过，当时的世界钢笔尖生产
之都是位于英格兰的伯明翰市。1822年，约翰·米歇尔（John
Michelle）研发出一套设备，开始批量生产钢制笔尖。6年后，约
西亚·梅森（Josiah Mason）开设了一家工厂，很快，梅森就成
了英国最大的钢笔制造商。截至19世纪中叶，全世界半数以上的
钢制笔尖均出产于伯明翰。这些批量生产的笔尖成本低廉、使用
寿命长久，所以在学校里很受欢迎，这种情况一直持续到20世纪
下半叶（甚至直到20世纪80年代，我上的小学里，一些教室的桌
面上仍有墨水池）。不过，钢笔尖蘸水笔虽然取代了羽毛笔，但
是它跟羽毛笔都有同样的缺陷：写几笔就要蘸一下墨水。

早期，如果钢笔管内的墨水用完，就要用滴管或吸管从墨水
瓶里吸墨水滴进笔管里。滴管由一根细长的玻璃管和套在一端的
橡胶吸球组成。这就意味着，你得时时刻刻把滴管拿在手中，但
是玻璃滴管十分脆弱，很容易被弄碎。渐渐地，人们用自带储墨
橡皮囊的"自来水笔"取代了滴管。

1892年，德国人雨果·西格特（Hugo Siegert）也设计了一
种给钢笔充墨水的装置，可惜从未流行。他想"把墨水瓶与笔杆
连起来"，所有的笔都通过长长的橡皮管与巨大的墨水瓶相连接，

瓶口有个橡胶吸球，挤压橡胶吸球可以把墨水抽进笔中。西格特解释说，这样一来，"墨水瓶连接的橡皮管就不止一根，那样的话，就可以同时给很多支笔供墨了"。我不知道为什么这样的设备没流行起来。一个巨大的中央墨水瓶通过橡皮管同时为一整个办公室的笔供墨，看上去肯定很酷，就像是特里·吉列姆（Terry Gilliam）执导的《妙想天开》（*Brazil*）里的东西。如果你在办公室里上班，请把这种设备推荐给你的上司或者管理办公用品的人，我们得让它变成现实。

直到 1884 年，才出现第一支获得商业成功的钢笔——刘易斯·爱德森·华特曼（Lewis Edson Waterman）设计的理想牌（the Ideal）钢笔。华特曼 1837

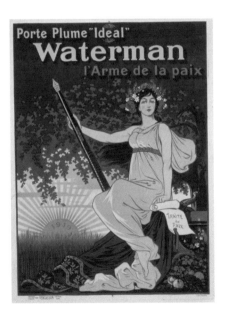

年出生于纽约，只接受过基础教育，但是他当过老师，推销过图书，还卖过保险。他应该是在卖保险期间产生了改进钢笔的想法。当时，他正要跟客户签一单重要的保险合同，钢笔却在这时候漏墨了，在关键文件上滴了个大墨斑。于是他去重新准备合同。等他回来时，客户已经走了。华特曼当即下定

理想牌钢笔海报

决心，坚决不能让这样的事情重演。

这个故事听起来很引人入胜，但几乎可以确定的是，它没有一点是真的。老式钢笔网站（Vintage Pens）的大卫·西村（David Nishimura）曾研究过华特曼公司的宣传推广资料。1904年，华特曼公司内部出版的《钢笔先知》（*Pen Prophet*）杂志中曾有篇文章，详细地讲述了公司的创立故事。大卫·西村找到了1921年（距离刘易斯·华特曼逝世已有20年）的资料，才看到这个故事。因此，尼什姆拉推测，为了将华特曼塑造成像吉米·史都华（Jimmy Stewart）[1]那样谦卑朴实、务实可靠的人，华特曼公司的广告部编造了这个故事。

华特曼想设计的笔要能"让墨水稳定流畅地流出笔尖"。笔杆内有橡胶墨水囊，钢笔尖有深切口，依靠重力作用和毛细作用，墨水就能顺利地从笔尖流出。从早期设计理念来看，华特曼的设计十分简单。《艺术协会杂志》（*Journal of the Society of Arts*）曾刊登詹姆斯·马金尼斯（James Maginnis）1905年发表的一次演讲。詹姆斯·马金尼斯说"理想牌（Ideal）钢笔的用法彰显了简约的本质"。因为设计简约、制作精良，这款笔迅速热卖，畅销不止。只用了两三年，这款笔的产量就从每周36支窜至每天1000支。2006年，刘易斯·爱德森·华特曼的名字入驻美国国家发明家名人堂（US National Inventors Hall of Fame）。名人堂网站上关于他的简介这样写道："据说，有一次，华特曼在跟客户

1　活跃于20世纪30年代好莱坞黄金年代的著名男演员。

签一份重要保险合同，当时所用的钢笔质量太次，墨水滴漏在文件上，他去换另一支笔时客户离开了。为此，华特曼发誓一定要研发出更好的书写工具。"呃……呸！

1913 年，派克笔公司推出"按钮吸墨（button filler）"系统。这个系统十分简单，其特别之处在于吸墨管顶部有个按钮。将钢笔尖没入墨水后按下按钮，吸墨管内的金属条会压迫内部吸墨胆，松开按钮后，墨水就吸满了。此外，派克笔公司还推出新款"折合刀（Jack Knife）安全笔"——钢笔套设计为两层，以防漏墨。派克后来提到这支笔时说："它很实用，也有吸引顾客的新奇感。"

当时，派克笔公司生产的钢笔大多很朴素（主要由黑色硬质橡胶制成），直到 1920 年，公司的一名职员刘易斯·特贝尔（Lewis Tebbel）给派克提出一个小建议：我们的产品设计一直是针对普通办公人员，为什么不面向更高层次的消费群体呢？据传，特贝尔和派克两人从派克笔公司的办公大楼俯瞰街道，然后特贝尔就开始数车流中的大型豪华轿车。当时，经济低迷，但仍有人买得起豪华轿车，那么卖得更贵的高端钢笔肯定也有市场。

特贝尔设计的就是后来被称为"大红笔"（Big Red）的派克多福笔（Parker Duofold）。多福笔由橘红色硬质橡胶制成，零售价高于其他派克钢笔，上市不久后就成了身份的象征。之后，多福笔还出了其他色系（包括"摩登绿""橘黄""翡翠绿""深海绿珍珠"）。这些颜色的名称似乎都在强调这款笔品位奢华。不过，1933 年，派克笔公司发行派克真空笔（Vacumatic），墨水容量几乎是多福笔的两倍，笔杆由深浅两色赛璐珞材料制成，透过笔杆可以看见墨水余量。不久后，多福笔渐渐被真空笔取代。不过，最成功的派克钢笔还是在真空笔之后问世的"派克51系列"。

"派克51系列"钢笔于1941年上市，既有前瞻性（"领先时代10年"），又富怀旧色彩（派克51系列于1939年试制成功，当年正是派克笔公司成立51周年）。1931年，派克笔公司推出自己的Quink牌速干墨水，后来又研制出更好的速干墨水（"即写即干"），而且不止一种颜色（"印度黑""突尼斯蓝""中国红"和"泛美绿"）。可惜，这种墨水会腐蚀橡胶墨水囊和赛璐珞笔杆，而当时市面上绝大多数钢笔用都是这两种材料。因此，派克51系列钢笔笔身采用了透明合成树脂材料（当时用作航空材料的一种透明塑料），能抵抗墨水腐蚀。笔头为铂钌（Plathenium，连接着14K黄金笔尖的铂金和钌的合金）。这种"非常珍贵的金属笔尖"意味着"书写几小时之后，笔尖经过磨合变得完全契合你的写字风格，之后就可以流畅地书写几十年"。

> 如果一个体重200磅的男人用新款的派克51钢笔写字，力道深厚地写上几个小时，之后用这支笔写出的字必然充满阳刚之气；而如果用它写字的是个姑娘，那么以后用这支笔写出的字必定隽秀清丽。一看笔写出来的字就能知道笔的主人是什么样的人。

派克51系列钢笔笔身呈流线型，由设计师马林·贝克（Marlin Baker）、盖伦·赛勒（Gaylen Sayler）和弥尔顿·皮库斯（Milton Pickus）在乔治·派克之子肯尼斯·派克（Kenneth Parker）的指导下，模仿火箭和轰炸机（派克公司在广告宣传中强调派克51与P-51野马式战斗机相似，但是两者并无实际联系）的外形设计而成。此外，派克51系列钢笔一改传统的外露笔尖，转用暗尖，外加笔嘴护套。此设计一出，立成经典，让曾在包豪斯学院任教的拉斯洛·莫霍伊-纳吉（László Moholy-Nagy）眼前一亮。纳吉称之为"我们这个时代最成功的实用小物设计之一"，并夸赞派克51系列"轻巧、便利、造型优美、低调且相当实用"。

美国加入二战后，美国战时生产委员会（the War Production Board）把有限的物资调配给军方，派克钢笔的生产受到限制。因为战事，其他钢笔公司纷纷减少宣传，派克笔公司却加大了宣传力度。这样一来，派克笔公司接到的订单要花费几年时间才能完成。公司广告宣传方对此做出的解释是"派克51系列钢笔如今只能定量配给经销商。可是，这并不妨碍您去经常惠顾的商店预订我们的钢笔"。

派克51系列钢笔

拉斯洛·莫霍伊-纳吉对派克51系列钢笔赞誉有加，而另一位拉斯洛则对钢笔没什么兴趣。这位拉斯洛·比罗（László Biró）是一位犹太牙医的儿子，1899年出生于布达佩斯。一战爆发后，比罗于1917年在一所军官学校登记入学。一战结束后，比罗离开军校，跟随哥哥乔治（György）学习医药。上大学期间，比罗对催眠术很感兴趣，跟哥哥一起发表了许多关于催眠术的文章。除了演讲之外，比罗也注重实践论证。他还没毕业就离开了学校（后来，他写道："我是匈牙利第一个认真研究实际催眠术应用的，我靠这个赚了很多钱，都没心思继续学医了。"）。

接下来的几年，比罗频繁跳槽，先后做过保险推销员、图书出版人、石油进口公司员工，从未在一个职位上久留。在石油进口公司工作时，他赚了足够的钱，从朋友那里买了一辆二手的布加迪跑车，打算参加两周后在布达佩斯举办的比赛（尽管他根本不会开赛车）。他学开车时，发现换挡的离合器用着很不顺手，于是决定自主研发自动变速箱。这并非比罗的第一项发明，早前他曾在他父亲的设计基础上设计过"自来水钢笔"，通过管子将水引入笔杆中，溶解固体墨芯，形成墨水，这支笔也申请了专利；他还发明过洗衣机。这些发明一个也没带给他了不起的成就，可是，他一会儿研究这个，一会儿研究那个，换来换去，根本没空深入研究一个固定的领域。比罗跟他的一位工程师朋友在一起研究了一年，总算设计出一个还算令人满意的自动变速箱。他们将设计签给了通用汽车公司，对方答应每月支付给他们每人100美元（相当于现在的1025英镑），为期5年。可是，这项设计从未投入生产。

离开石油进口公司后，比罗成了《伊劳拉周报》（*Elore*）的记者。有一天，他去参观报社的印刷车间，机械的运转让屋内温度升高，而他的百利金钢笔开始漏墨。他看着滚筒印刷机，开始思考能否用同样的原理设计出一种笔。有一个版本的故事说，1936年的某一天，比罗正坐在一家咖啡馆里苦思冥想究竟怎么才能让这样的笔正常工作。他遇到一个难题：圆筒（就像印刷机用的那种）只能朝着一个方向滚动，可笔尖要能向任意方向转动。他一筹莫展，干坐在那里看街上小孩玩弹珠。这时，有个弹珠从一摊水上滚过，在大理石地面上留下一道痕迹；"解决方案顿时如闪电般出现在我脑海中——球"。

想到用球体做笔尖的不止比罗一人。马萨诸塞州的约翰·劳德（John Loud）曾为其设计的圆珠笔申请专利，这支笔"除其他用途外，最大的特点是能在粗糙的表面书写，例如木头、粗糙的包装纸等"。随后，不少设计师都注册了类似的设计，不过大多数笔的笔尖都很大，只有两款比较引人注意，分别是拉佛雷斯和皮格诺与马塞尔·比克合作设计的圆珠笔，还有保尔·艾斯纳（Paul Eisner）和文泽尔·克利梅斯（Wenzel Klimes）1935年出售的Rolphen滚笔。可惜，这些笔不太靠得住，会漏墨水或者出墨不畅。有些厂家也像比罗那样，费尽心思改进设计，既考虑过从笔的工作原理入手，也想过换种墨水。

拉斯洛联系了他的哥哥乔治，当时，他哥哥是个牙医。乔治学过化学，因此拉斯洛请他负责为自己的笔研发墨水。乔治拜访了一位应用化学教授，说他想要一种"在笔芯中保持流动性，一接触到纸面就干的"墨水。教授说这种墨水根本不可能存在，"这是两种染料，一种干得快，一种干得慢。你想要墨水想干就干，不想干就不干？这样的墨水不存在，也不可能存在"。此后几年，比罗和哥哥乔治一直坚持不懈地试验，想证明教授的说法不对。

在此期间，比罗仍在报社兼职，每月也从通用公司获取酬劳。可是，研发圆珠笔样品需要投入巨额资金，仅靠这两项收入还远远不够。比罗的童年挚友厄姆·格勒特（Irme Gellért）慷慨资助，比罗也意识到要想吸引更多投资，必须制造出可靠的样品。可到目前为止，生产出的样品要么漏墨，要么根本不能用。格勒特和乔治见了许多潜在投资人，每次乔治与人谈话时，格勒特就偷偷试用圆珠笔。如果笔是好的，格勒特就拿给投资人看；如果笔不能用，他就假装没带笔，与对方约定后续会面，并保证下次一定带笔。

有一天，比罗和格勒特去南斯拉夫见银行家吉列尔莫·维格（Guillermo Vig）。他们提前到达酒店，在接待处填写登记表时，用的正是自己研发的圆珠笔样品（找出了一支能用的）。旁边的一位老人看到了他们用的笔，便向他们咨询。他说自己叫胡斯托将军，来自阿根廷，对工程学很感兴趣。于是，比罗和格勒特去了老人的房间，向他详细介绍笔的情况。胡斯托认为这支笔在阿根廷会很有市场，并说如果比罗和格勒特愿意，他很乐意帮他们安排办理去阿根廷的签证。为了进一步敲定细节，他们约定几个月后在巴黎的阿根廷大使馆进行下一次会面。后来，他们顺利地见到了维格，与他签订了一份分销协议，每年在巴尔干半岛销售约 4 万支圆珠笔。会后，他们跟维格说了那位阿根廷老人的事情，还给他看了对方的名片。维格告诉他们，这个老人其实是阿根廷前总统阿古斯丁·佩德罗·胡斯托（Agustín P. Justo）将军，他到南斯拉夫是为了促进两国的贸易交流。

后来，比罗意识到匈牙利国内的排犹情绪越来越激烈，于是，他决定在年底之前离境。1938 年 12 月 31 日，比罗来到法国，可是他在法国看不到未来（再说他的签证也要过期了），于是 1940 年他去了阿根廷，第二年他哥哥也去了。在法国，他哥哥旧时一位病人的丈夫路易斯·朗（Luis Lang）跟他合伙开了一家"比罗有限责任公司"，1942 年生产出第一支笔（the Eterpen）。可是，墨水仍然是个问题——墨水会变干，笔没法用，笔坏了，客人就会来退货。公司的资金本来就不多，很快便消耗殆尽。于是朗向他的律师求助，对方介绍他认识了亨利·乔治·马丁（Henry George Martin）。

马丁 1899 年出生于英国伦敦，1924 年移居阿根廷。朗给他展示了圆珠笔，马丁对这种笔颇感兴趣，于是以投资方代表的身份买下了 51% 的股份。马丁把比罗设计的特许使用权卖给了美国新近建立合作关系的永锋公司（Eversharp）和埃伯哈德·费伯（Eberhard Faber）。此外，1944 年，马丁和迈尔斯航空公司的弗雷德雷克·迈尔斯（Frederick Miles）合伙在伦敦开了一家迈尔斯 - 马丁笔公司。回到阿根廷后，美国商人密尔顿·雷诺兹（Milton Reynolds）找到了马丁。他听说了圆珠笔的事情，并迫不及待地想得到圆珠笔在美国的经销权。可是，马丁刚刚把特许使用权卖给了永锋 / 埃伯哈德·费伯公司。于是，雷诺兹决定自主研发生产一款圆珠笔，并抢在永锋 / 埃伯哈德·费伯公司之前在美国发售。

1945 年 10 月 29 日，雷诺兹率先在美国发售"雷诺兹国际"圆珠笔。这是第一支在美国销售的圆珠笔。他跟纽约的金贝尔斯（Gimbels）百货商店签署了独家销售协议，并在《纽约时报》上刊登了"这支将带来书写革命的神笔"上市的消息，宣称"这支钢笔卓越超凡，是原子时代的奇迹，您一定曾看过有关它的介绍，可能心怀好奇且期待已久"，可以连续用两年不必吸墨（雷诺兹将这款笔称为"钢笔"可能令读者费解，不过，那时候只要是笔杆里储墨的笔都称作"钢笔"——像圆珠笔这样的新型笔具，只有等其发展到一定程度，才会出现更加准确的新名称）。同样，这款笔也附有保修说明：

> 自购买之日起两年内，如果"雷诺兹国际"品牌笔出现书写故障，消费者可将笔退还至金贝尔斯百货商店，我们承诺立即退款。

虽然这款笔的零售价高达 12.5 美元（相当于现在的 160 美元），雷诺兹还是成功超越永锋 / 埃伯哈德·费伯公司，获利颇丰。据《纽约客》（New Yorker）记载，这支笔发售的当天早晨，"5000 人云集商店门口，只等开门便蜂拥而入。警察局紧急调动了 50 名警察到现场控制人群"。当天，整整卖出了 1 万支"雷诺兹国际"品牌笔。之后 3 个月内，销售数量突破百万。事后，雷诺兹表示，首次发售成功的关键是选择了正确的时机，"我知道，这支笔要想成功大卖，必须在 1945 年圣诞节前上市，上市时机必须掌握好。当时，人们期待看到战后的奇迹，而这支笔正好迎合大众的需求。如果晚一年上市，这款笔将一文不值"。

比罗耗时数年，不断完善设计，利用毛细作用和重力作用来使墨水流出笔尖；而雷诺兹设计的圆珠笔匆匆投入生产，用了重力作用，因而需要流动性更好的新墨水。雷诺兹将新墨水称作"Satinflo"，可这种墨水会洇透纸张，经晒后便会褪色。此外，雷诺兹设计的圆珠笔笔管没有换气孔，随着墨水减少，笔管中形成真空，由于缺少空气压力，余下的墨水也无法流出。因为没有换气孔，一旦把笔置于温暖的地方（比如放在上衣口袋里）就会出现漏墨的情况。所以，这款笔基本没法用。发售后八个月内，多达 104 643 名顾客来换货。当时，尚未进军圆珠笔市场的肯尼斯·派克（Kenneth Parker）评价"雷诺兹国际"品牌笔"只会抄袭，不会原创"。

1946 年，永锋公司终于发行了自己的圆珠笔——"永锋 CA"。这款笔采用比罗受专利保护的设计，采用毛细作用的原理（"毛细作用"英文为 capillary action，因此该笔名中有"CA"），它的质量明显优于雷诺兹匆匆发行的"雷诺兹国际"。"永锋 CA"首发仪式选在纽约瑞吉（St Regis）酒店的鸡尾酒会上。为了证明这款笔十分坚固，永锋公司将一支笔捶进了木块；为了证明它即使在飞机上也不会漏墨，永锋公司将一支笔密封在广口瓶中不停地摇晃；为了证明它能经受极端温度，永锋公司将笔放进了液态氮[1]中。为了添乱，雷诺兹在梅西百货开售"永锋 CA"圆珠笔的同一天，推出自己的新笔（雷诺兹 400）。虽然是新款笔，可之前的问题依然没有解决。有这样一个对比明显的例子：在展示永锋的新笔时，梅西百货的员工故意戴上了白手套，而金贝尔斯百货的员工没办法这么做，因为"雷诺兹 400"会把手套弄得一团糟。

随着最初的新鲜劲儿渐渐消退，美国消费者手里只剩下那些有点漏水、基本不能用的圆珠笔。虽说"永锋 CA"比"雷诺兹国际"好很多，可还是有很多毛病，再加上大批言过其实的廉价仿冒品涌进市场，到 20 世纪 40 年代末，美国的圆珠笔年销量暴跌至 5 万支。泡沫终于破碎，只留下一摊墨污。

不过，商人帕特里克·弗劳利（Patrick Frawley）相信圆珠笔仍然有发展前景。他斥资 4 万美元收购了托德制笔公司，改名为弗劳利公司。1949 年，他推出首款"缤乐美（Paper-Mate）"圆珠笔，这款笔用的是新研发出来的墨水。第二年，弗劳利公司为自家研发的按压装置申请了专利，推出的"tu-tone"牌活动圆珠笔（售价 1.69 美元）让消费者重拾了对圆珠笔的信心。1953 年，公司强势宣传自己的产品，请到了知名演员格雷西·艾伦（格雷西·艾伦说："我就是喜欢缤乐美的设计和绚丽的色彩！"）和乔治·伯恩斯（乔治·伯恩斯说："缤乐美的按压设置非常棒——百试不爽！"）前来助阵。再加上两颗红心并列相依的图案做成的标志，他成功打造了缤乐美品牌。1950 年，弗劳利公司的销售额为 50 万美元，第

---

1 液态氮：温度极低，常用于食品冷藏。

二年增至200万美元，到1953年底，公司销售额高达2000万美元。1955年，弗劳利以1550万美元的价格将缤乐美品牌卖给了吉列公司——与当初4万美元的投资相比，这是一笔相当可观的回报。多亏了弗劳利，圆珠笔重新赢得了人们的尊重。

一直以来，派克笔公司始终专注于钢笔市场（尤其是在"派克51"成功之后），在确保可以生产出无损公司声誉的圆珠笔之前，派克笔公司不愿意推出圆珠笔。1950年，派克笔公司小试牛刀，以人气超高的霍帕隆·卡西迪（Hopalong Cassidy）牛仔为原型，生产出一款造型新奇、售价低廉的圆珠笔。尽管"从生产到销售均由派克笔公司负责"，但公司坚称"这不是派克圆珠笔""派克笔公司不做圆珠笔"。不过，派克笔公司最终还是缴械投降，大张旗鼓地进军圆珠笔市场。1953年秋天，派克笔公司展开"抢滩行动"，目标是在"手忙脚乱90天"后，把圆珠笔设计图样变成产品。在那之前，公司的设计团队精心准备了好几年。

1954年1月，"派克记事（Parker Jotter）"圆珠笔上市，至今仍在销售。这款圆珠笔的研发团队多达66人。它的可书写时间比同类竞品的长6倍，分粗细不一的三种（细、中、粗），最关键的是不漏墨。每按一次笔端的按压装置，笔尖都会旋转90度，以免笔尖外壳磨损不均。为了保证"派克记事"圆珠笔质量过关，派克笔公司耗尽心力，但仍然担心会出问题，影响公司声誉，因此早期的"派克记事"圆珠笔并未采用派克笔经典的"箭状"笔夹。肯尼斯·派克希望，万一这款笔出了问题，人们不会把它跟"派克"品牌联系得太紧密。事实证明他多虑了——这款笔卖得很成功，不到四年就为自己赢得了"箭状"笔夹，迄今已售出超过 7.5 亿支。

圆珠笔在美国的形象被密尔顿·雷诺兹这样的投机分子给严重损害了，但欧洲的情况就没有这么糟糕。1945 年，迈尔斯 - 马丁笔公司在英国首次发售圆珠笔（用的是"比罗"品牌名称），在亨利·马丁和拉斯洛·比罗的合作下，加上有工程学背景的弗雷德雷克·迈·尔斯，这批圆珠笔卖得很成功。二战刚刚结束，圆珠笔生产原料稀缺，产量有限，一时间供不应求，零售商每个月只能进货 25 支。迈尔斯 - 马丁笔公司打出了这样的广告（用词比较特别，不过字字精要）——比罗圆珠笔可以连续书写"6 个月，甚至更久，具体情况取决于书写强度"。这款笔可以换芯，不过需要去店里换（有些零售商提供邮寄换芯服务——顾客把墨水用光的笔寄回店里，第二天店家把换好笔芯的笔再寄给顾客）。1947 年底，英国开始出现其他圆珠笔生产商。两年内，英国就有了 50 多家圆珠笔公司。

为了在竞争中保持领先，也为了抢占重中之重的圣诞节市场，迈尔斯 - 马丁笔公司推出了一系列新奇产品。其中有"比罗羽毛笔"（Biro-quill）（这个招人喜欢的新奇圣诞礼物有六种颜色可选，用真正的羽毛管制成，内置比罗笔芯。比罗羽毛笔价格便宜，无论什么场合都能为你添上一抹亮色），还有针对成人消费群体的"比罗 Balita"——嵌有打火机的圆珠笔（"独一无二的文具类圣诞礼物"）。

1952 年，迈尔斯 - 马丁笔公司收购梅比 - 托德有限公司（天鹅牌钢笔生产商），并改名为比罗 - 天鹅有限公司。同年，亨利·马丁提出诉讼，控告马塞尔·比克侵犯拉斯洛·比罗的专利权。十分讽刺的是，比克的合伙人让·拉佛雷斯此前就曾控告迈尔斯 - 马丁笔公司，称其产品侵犯了他 1932 年申请的专利，可惜诉讼失败。这一次，法院仍然站在马丁这边，初审判决没收比克所有的股份。不过，比克转而与马丁签署了版税协议，同意将售笔收入的 6% 和换芯收入的 10% 支付给比罗 - 天鹅有限公司。1957 年，比克公司共收购了比罗 - 天鹅有限公司 47% 的股权，直到这时，此前的协议才失效。10 年后，比克公司收购了比罗 - 天鹅有限公司剩下的所有股权。1964 年，约翰·马丁（亨利·马丁之子）与马塞尔·比克之女卡罗琳成婚，两家公司因此联系更加紧密。借着联姻，马丁与比克两家从此联手，过上了幸福生活。比罗就没有这么幸运了，为解决公司的资金周转问题，也为了让家人到阿根廷来与他团聚，他不得不签字出让自己在公司的股份。晚年，他在阿根廷一家叫森笔（Sylvapen）的制笔厂担任顾问。

到 20 世纪 50 年代中期，圆珠笔在美国的销量几乎是钢笔的 3 倍。圆珠笔如此畅销，一个重要因素在于：用钢笔从墨水瓶里吸墨很麻烦，还容易弄得一团糟。圆珠笔既实用又可靠。为了与之抗衡，华特曼公司 1954 年推出了新产品——“华特曼 CF（cartridge filled）墨芯墨水笔”，首次使用塑料吸墨管。鹰牌铅笔公司（Eagle Pencil Company）1890 年研发的吸墨管使用的是玻璃材质，薄脆易碎。华特曼公司曾在 1927 年和 1936 年尝试用玻璃吸墨管，都遇到了相同的问题。直到塑料生产技术提升，塑料吸墨管才得以成功问世。

使用塑料吸墨管变成钢笔的一大优势，可是和圆珠笔相比，钢笔还是太贵了，使用起来也不够方便，但有些人正是喜欢钢笔的这一特点。2012年，英国广播公司（BBC）报道称钢笔销量有所上升，亚马逊公司（Amazon）也表示钢笔的销量是前一年的两倍，派克笔公司也为钢笔"复苏"而庆祝。看样子，钢笔要东山再起了。其实，钢笔曾不止一次起死回生：1980年，"钢笔人气强势回升"；1986年，"手头宽裕的顾客再度对高价的钢笔产生兴趣"；1989年，钢笔"走出"持续了几年的"低迷期"，"再次成为珍贵的日常用品"；1992年，钢笔"人气回升"；1993年，人们"又开始对钢笔感兴趣"；1998年，"豪华钢笔强势回归"；2001年，"人们又再度迷上经典的老式钢笔"。

钢笔公司出尽奇招，而我们甚至都不仔细辨别真伪，就被吸引过去了。这也是钢笔回归现象不断重演的一个原因。日子一天天过去，电子邮件日渐普及，而钢笔销量竟然完全不见减退。钢笔的销量如此稳定（更别说它偶尔还会飙升），似乎不太寻常。不过，我们总有要动手写字的时候，这样的时候越少，我们反而越珍惜。派克笔公司主管欧洲和亚洲办公用品销售的副总裁戈登·斯科特（Gordon Scott）评价最近的一次钢笔回归潮时曾说："我们跟钢笔的关系已经变了，从前它只是文具，现在它变成了一种配饰。"如今，网络普及，智能手机遍布，连便宜的钢笔都能成为身份的象征——不一定象征财富，但是能展现持笔者的品位和优雅。当然了，要是你想炫富，凭钢笔也能做到。

1906 年，德国商人阿尔弗雷德·尼希米（Alfred Nehemias）和工程师奥古斯特·艾伯斯坦（August Eberstein）去了一趟美国，市面上的新款钢笔让他们印象深刻。回国后，他们便联系了汉堡市的文具商克劳斯 - 约翰尼·沃斯（Claus-Johannes Voss），决心生产自主原创品牌钢笔。两三年后，简便墨水笔公司（Simplo Filler Pen Company）便推出了安全墨水笔——"红与黑"。在此之后推出的一款钢笔则以欧洲第一高峰——勃朗峰（Mont Blanc）命名，似乎象征其追求卓越品质与完美工艺的目标。1913 年，简便墨水笔公司采用六角白星作为标志，象征勃朗峰之巅。后来公司名字也改为"万宝龙（Mont Blanc）"。

1924 年，万宝龙推出第一批大班系列（Meisterstück）钢笔。1952 年，大班 149 系列钢笔上市，笔身采用名贵的树脂材质，笔帽上有三道镀金圆环，这三道圆环从未更改，成了大班 149 钢笔的一大标志性特征。每支万宝龙钢笔的笔尖都镌刻着数字 4810——勃朗峰的实际高度[1]。

除了大班系列钢笔，万宝龙还推出了其他的大班系列奢侈品，包括手表、皮具和珠宝。1983 年，万宝龙发行"大班极品系列（Meisterstück Solitaire）"[2]，其中包括纯金打造的"大班系列极品 149"。1994 年，万宝龙的镶钻"大班皇家贵金属系列"钢笔（共镶钻 4810 颗）单价高达 7.5 万英镑，成为世上最贵的钢笔，载入

1　此处以"米"为计量单位。
2　大班极品系列：大班系列的贵金属版本。

53

《吉尼斯世界纪录》。这一纪录在 2007 年被万宝龙价值 73 万美元的"神秘巨匠限量系列"钢笔（万宝龙与梵克雅宝[1]联手打造）打破。一支笔卖 73 万美元。这个世界太疯狂了！

　　不过，对很多人而言，这样的奢侈品是想都不敢想的，廉价的圆珠笔更有吸引力。20 世纪 50 年代，圆珠笔越来越受欢迎，于是消费者杂志《哪一个？》（Which？）在 1958 年用 21 支主流品牌的圆珠笔做了一项测验。杂志指出："这个测验是为了检测出这些笔是否漏墨，在不同环境下的表现如何，是否好写字，一根替芯能用多久，质量如何。"为了保证公平公正，测试环节设计复杂、方法科学。

万宝龙钢笔（大班系列）

　　《哪一个？》认为"一支设计出色的笔在高空中也不会漏墨"，于是，他们用未增压机舱把 21 支笔全都送到了 15 000 英尺的高空，悬停 1 小时，然后返回地面，这样反复 12 次之后，得出结论："这 21 支笔，不管是笔尖还是笔管内部，都没有任何漏墨的迹象。"到目前为止，一切顺利。

　　为了弄清"如果将笔放在衣服内兜会发生什么情况"，他们将这些笔悬在 90 华氏度[2]的烤箱中（笔尖朝下）12 个小时，然后查看漏墨情况。查看完后，又重复上述操作。最后，他们将温度

1　梵克雅宝：Van Cleef & Arpels，法国珠宝世家，著名奢侈品品牌。
2　约合32℃。

增加至 120 华氏度——"如果笔在阳光下暴晒，或放在暖气片上的手提包或夹克衫口袋中，差不多会达到这样的温度"。我想，要是想知道把笔放在暖气片上的夹克衫口袋里会不会漏墨，直接把笔放在夹克衫口袋里，再把夹克衫放在暖气片上，不就能测试出了吗？测试结果也更准确。可惜，"女王道（Queensway）100""女王道 125""Rolltip Rita 活动圆珠笔"和"Rolltip Model 22"圆珠笔在此测试中都出现漏墨现象，因此被该杂志认为"在衣袋或手提包中容易漏墨的笔不够好"。

《哪一个？》还检测了哪个品牌的圆珠笔最好写，与笔在 15 000 英尺高空或在 120 华氏度的烤箱中是否会漏墨相比，这个测验似乎更有价值。"为了排除人为因素干扰"，他们设计了一个精巧复杂的书写机器，"在相同的条件下，同步使用这些笔书写"。在机器的带动下，这些笔会勾画出一个"类似大写字母 D、总笔画长度大约达 1 英里"的轮廓（"大约"一词略微削弱了实验的准确性）。

每个品牌的圆珠笔共测试了 3 根替芯（有的测了 6 根，具体情况不详），"测试用纸逾 1000 英尺长，书写痕迹总长超过 130 英里"。测试当天，杂志社的办公室一定很热闹。当然，这个测试也很有意义，最终发现"所有圆珠笔多多少少都有点漏墨"，而且"同一品牌的替芯质量也有优有劣"。就圆珠笔的关键特性来看，"白金Kleenpoint Slim"和"Scripto 250"圆珠笔的性价比最高。

有一支笔肯定能通过《哪一个？》的全部测试，那就是"费舍尔太空笔（Fisher Space Pen）"。一直以来，有个流传甚广的都市传说，其中还拿美国和俄罗斯航空局的办事方法做了对比。揭秘都市传说的网站"斯诺普斯"（Snopes）曾引述过20世纪90年代盛传的一封邮件：

> 今日看点。
>
> 20世纪60年代，美国与俄罗斯进行太空竞赛。美国国家航空航天局（NASA）遇到一大难题：宇航员需要一支能在太空真空条件下书写的笔。为此，美国国家航空航天局大费周折，最终耗资150万美元研发出"太空笔"。也许有人对这支笔还有印象。它曾上市出售，销量还不错。
>
> 俄罗斯也遇到了同样的问题，他们的解决办法是用铅笔。

这个故事意在说明"打破思维定式"十分重要，解决问题的最佳方案往往是最简单的那个。毋庸置疑，正因此，素有"水平思考之父"之称的爱德华·德·博诺（Edward de Bono）才将这个故事收录进他1999年出版的《新千年，新思维》（*New Thinking for the New Millennuim*）一书中。不过，这个故事完全是胡诌的。

实际上，双子星座3号飞船（发射于1965年3月23日）上的宇航员用的是铅笔。当时，为了"双子星座"计划，NASA花4382.5美元订购了34支铅笔（平均每支笔128.84美元——相当于今天的960美元），不过最后只带了两支上飞船。这一事件引发了很大争议，为何这些铅笔如此昂贵？NASA的罗伯特·吉尔鲁斯（Robert Gilruth）解释说"实际使用的书写工具是从当地的办公用品公司买来的铅笔，每支 1.75 美元"，128.84 美元是全套价格，包括了"配套收线盘、底座板、铅笔护盖"所需的钱。总不能直接带着店里买来的普通铅笔上飞船吧，收线盘、底座板、铅笔护盖显然必不可少。

早先在"水星计划"中，宇航员曾使用油笔，但是这种笔"难以让人满意"，因为"宇航员戴着笨重的手套，用油笔十分不便"，也无法防止它"飘走"，还可能会卡进关键设备中。为了防止铅笔飘走，"最初用的是服务员或从事文书工作的人常用的那种内置弹簧的活动铅笔"，每支只要 1.75 美元。可惜，"测试表明，这种笔运用了重力作用，在失重环境下无法使用"。所以，为了设计、组装、测试并限量生产能在太空中用的铅笔，才导致每支笔耗资 128.84 美元。吉尔鲁斯解释说："如果批量生产这种笔，普通的办公室白领也都能用得上，那么这种笔的单价就会低得多。"

不管怎么说，在零重力的环境中，铅笔实在算不上理想的选择。铅笔尖容易断，飘进敏感仪器中会导致设备出现故障，还可能会飘进宇航员的眼睛里，墨水笔好得多。所以，说 NASA 舍近求远，放着简单的方法不用，非要用复杂的办法，那肯定是不对的。不过，说 NASA 耗资上百万美元造出了太空笔也同样言过其实了。

开发太空笔的钱根本不是 NASA 出的，太空笔是发明家保罗·C. 费舍尔（Paul C. Fisher）自费研发出来的产品。二战期间，费舍尔在一家为飞机螺旋桨生产滚珠的工厂上班。或许正因为这样，他了解到：生产圆珠笔所用的精巧金属滚珠是一项十分精细的工程。二战结束后，他生产出一种"通用笔芯"，适用于所有类型的圆珠笔。在那之前，不同圆珠笔生产商销售不同的笔芯，专用于同款圆珠笔。"这种情况弊端很多，给消费者和经销商都造成了很大不便"，费舍尔在1958年提交的专利申请中解释道："没有经销商会备齐所有款式圆珠笔的替芯存货。消费者往往要跑很多家零售店，才能找到适合其圆珠笔款式的替芯。"不过，费舍尔不仅仅只是想解决美国的圆珠笔消费者面临的问题，他有更大的抱负。

1960年美国总统选举时，保罗·C.费舍尔对垒约翰·肯尼迪（John F. Kennedy）。新罕布什尔州的初选在新罕布什尔大学举行，保罗·费舍尔在肯尼迪主持的群众大会上，"翻越新闻记者席"，上台要求得到同样时长的发言时间。肯尼迪同意了他的要求，不屑一顾地说："宪法规定，总统必须是美国人——在美国出生的公民，而且要达到35周岁。我跟费舍尔先生都符合这些条件。"最终，肯尼迪胜出。

竞选总统失败后，费舍尔又将精力放回圆珠笔上。1962年，他的竞选对手肯尼迪向美国人保证，将在10年内完成登月目标。毫无疑问，费舍尔受此启发，才着手研发"无重力笔"。他自掏腰包，花了100多万美元，发明出了"能在外太空书写，能在任意角度下书写，甚至可以倒着写"的密封式气压笔芯。费舍尔把笔芯寄到美国航空航天局接受测试，竟然通过了各项严格测试，完全符合要求。事实上，美国航空航天局对这款笔芯的表现并无意见，他们觉得不妥的是费舍尔的市场营销材料——费舍尔提交了一份广告草案副本，宣称这支笔"由保罗·费舍尔为美国太空计划研发"。航空航天局建议将这句话改为"由费舍尔研发，可用在美国太空计划中"。

草案副本中还说费舍尔太空笔"是唯一能在外太空失重的真空条件下书写的笔"。实际上，纤维笔在外太空也能用，所以美国航空航天局建议他将这句话改成"是唯一能在外太空失重的真空条件下书写的圆珠笔"。虽然发生了这些小分歧，在阿波罗计划期间，美国航空航天局还是以每支4至6美元的价格向费舍尔订购了几百支太空笔。费舍尔终于可以理直气壮地说美国宇航员在太空里用的都是他的笔了。

太空笔的价格不高，即使美苏太空竞赛已经白热化，美国国家航空航天局也没有购入太多。所幸，太空笔还吸引了一大批近期并无登月计划的消费者。在《宋飞传》(*Seinfeld*)[1]的《笔》这一集中，杰瑞（Jerry）看到杰克·克劳普斯（Jack Klompus）在用太空笔，十分感兴趣，便问杰克这是什么笔，杰克答道："这支吗？这是宇航员在太空里用的笔，倒着也能写出字来。""我经常在床上写东西，"杰瑞说，"每次都得趴在那儿，支着胳膊写，不然笔不出墨。"从杰瑞的话就可以看出，就算你不在外太空，一支倒着也能出墨的笔还是很有优势的（虽然我这么说，但我不确定在外太空有没有"倒着"这一说法）。不过，当杰克要把笔给杰瑞的时候，杰瑞不应该要。费舍尔太空笔"在哪儿都能用——零

---

1 《宋飞传》：美国 NBC 电视台于1989至1998年播出的情景喜剧。

下 45℃的极寒环境中、120℃的高温条件下、失重的真空环境中、水下、有油的表面，甚至倒着也能写"。"甚至倒着也能写"这句话让我十分困惑。前文说，这支笔在温差高达165℃的环境中都能用，后面则说躺着也能在笔记本上写字，躺在床上写字也能算一种极端情况吗？

整个 20 世纪 50 年代，圆珠笔发展势头强劲，因而不少人开始关注一个问题：发明圆珠笔就是为了写字的，那么圆珠笔的书写效果到底如何？ 1955 年，约翰·邓普尔顿（John Le F. Dumpleton）在《自学书写》（*Teach Yourself Handwriting*）一书中写道：

> 从书写角度看，（圆珠笔）最大的缺陷是它的针尖式笔尖，所写的笔画看不出粗细变化。再者，笔尖太滑，书写技法无处施展。尽管如此，如果要求不高，经验丰富之人还是能写出令人满意的字。

关键似乎在于书写之人的持笔姿势。派克笔推出圆珠笔时，在用法说明中建议"书写时，让笔与纸面形成的角度大于用钢笔时的角度"，以"获得更佳的书写效果，延长圆珠笔的使用寿命"。用传统的钢笔写字时，笔与纸面最好成45度角；圆珠笔的笔尖滚珠外有壳，因此写字时笔要握得更直。有人认为，圆珠笔写出的笔画粗细不变，抹杀了书写者的写字风格。为反驳这一言论，比罗笔公司在 1951 年的英国产业博览交易会上请来了"书法专家"弗兰克·德里诺（Frank Delino）：

> 11 天里，德里诺见了 680 个人，从他们用比罗笔写下的字迹中，读出了他们的性格。几乎所有的"求诊者"都承认他说的分毫无差。这就是关于比罗笔的传奇故事。

德里诺是笔相学（graphology）——通过分析笔迹解读书写者性格——的拥趸者之一。在新闻短片的镜头中，他从演员希拉·西姆（Sheila Sim）的签名中看出她"很有艺术天赋"，而从格雷西·菲尔德斯（Gracie Fields）的签名中看出她"性格果断"，画外音说："在德里诺看来，笔相学是一种科学，也是一门生意。"主要还是生意。

根据希拉·西姆和格雷西·菲尔德斯的签名解读她们的性格，德里诺是有优势的：他可能已经知道她们的身份，分析时有所依据。笔相学家如果知道解读对象是什么人，解读时显然会受到影响。2005 年，在达沃斯世界经济论坛期间，《每日镜报》的一名记者得到一些笔记和涂鸦，让英国笔相学家协会的伊莱恩·奎格利（Elaine Quigley）据此解读托尼·布莱尔（Tony Blair）。伊莱恩·奎格利说："他想集中精力，可思绪不定。不过他知道自己能及时弄清问题原委。这就是铁氟龙[1]托尼。"《泰晤士报》则刊登了

1　铁氟龙：Teflon，一种不粘锅材料，也是对名人，尤其是政客的昵称，以表现其某些特征。

另一名笔相学家的解读，称这些涂鸦表明布莱尔"攻击性强，情绪不稳定，承受着巨大压力"。几天后，真相浮出水面，这些笔记和涂鸦并非出自托尼·布莱尔之手，而是来自比尔·盖茨（Bill Gates）。对此，政府发言人表示，"我们十分惊讶，他们竟无一人想到来首相府邸，确认那些笔记和涂鸦是否真是布莱尔先生的笔迹。更别说，这些笔迹跟首相的笔迹天差地别"。

笔相学肯定是门伪科学，但就算如此，我们就无法从一个人的笔迹看透他的性格吗？也许仍有迹可循，不过不是笔相学说的"弧度大""笔画上扬"这些说法，而是根据更加明显的特点：用墨颜色。在金斯利·艾米斯（Kinsley Amis）1954年出版的《幸运儿吉姆》（*Lucky Jim*）中，吉姆·迪克逊（Jim Dixon）曾收到一封信，那张"从笔记本上匆匆扯下的一张纸上，用绿色的墨水笔涂了几行潦潦草草的字"。尽管这张纸是从笔记本上"匆匆扯下"的，也就是说笔也可能是随手拿的，但是墨水的颜色似乎暗示着写信人不是什么光彩的人物（后文中交代写信人是剽窃者L.S.凯顿）。绿色的墨水暗示着古怪和反常，这一联系在卡尔·萨根（Carl Sagan）1973年出版的《宇宙联系》（*The Cosmic Connection*）中体现得更为明显。萨根在书中描述了自己收到的一封信：

> 渥太华一家精神病院的一位先生给我寄了封信，整整85页的手写信，是用绿色圆珠笔写的。我曾发表过一篇报告，认为外星有生命体。他在当地的报纸上看到了我的报告，他

写信来是为了告诉我，他以个人经历保证，我的报告绝对正确。

很快，"绿墨族"这个说法就诞生了，用来形容那些写冗长晦涩的信给记者或政客，解释古怪理论或揭露阴谋论的人。绿色墨水与偏执妄想的阴谋论者紧密相关，而军情六处的首任局长曼斯菲尔德·卡明（Mansfield Cumming）出了名地爱用绿色墨水，这实在太讽刺了。卡明在信末签名时，都会用绿色的墨水写上他的姓氏首字母C——这个传统一直保持，现任局长约翰·索厄爵士（Sir John Sawers）仍沿用此做法。

圆珠笔和钢笔用的都是染料型墨水，因此墨水可用的颜色有限。圆珠笔用的是黏稠的油基墨水——质地浓稠呈糨糊状，可防止笔倒置时墨水从换气口流出，但也因此无法生产出别的颜色。钢笔用的是较稀的水状墨水，如果用含染料悬浮颗粒的染料墨水，笔管就会被堵住。

远古时期，古埃及人将烟灰和胶水混合，再加入水、树胶或蜂蜡，制成墨水，加入赭石就可以调制出红色墨水。在中国，人们将煤烟灰磨成细粉，与动物胶混合，制成墨条。要用墨水时，墨条一端蘸水，在砚台中垂直打圈研磨，化成墨水。印度人则将骨头、沥青烧成炭黑，然后与水、虫胶、清漆混合，制出一种叫"玛西（masi）"的材料。

公元79年，作家老普林尼（Pliny the Elder）在《自然史》（*Naturalis Historia*）中描述了黑色颜料的制造过程：

　　燃烧树脂或沥青得到烟灰，可以生产出黑色颜料，因此许多工厂不会把烟排放到空气中去。最高级的黑色颜料由松脂制成。

　　制作黑色颜料的最后一步是将颜料置于阳光下。用于制墨的黑色颜料中混入树胶，而用于涂墙的黑色颜料中则加入胶水。

　　人们用木蓝来调制靛青色。大约 5 世纪开始，人们普遍使用鞣酸铁墨水。这种墨水由鞣酸加铁盐制成，刚写出来的笔迹颜色非常浅，时间越久，颜色越深。直到 19 世纪，人们都在用这种墨水。不过，这种墨水中含腐蚀性成分，会使纸张日渐受损，最终破碎。因此，鞣酸铁墨水不可用于钢笔，因为它会腐蚀钢笔内管，人们需要找到新的制墨配方。

　　1963 年，日本 OHTO 笔公司研发出宝珠笔：其他厂家的圆珠笔使用油基墨水而宝珠笔使用的是水基墨水——这种墨水质地稀薄，笔尖滚珠在纸上滚动得十分轻松，所以宝珠笔十分好写，这也是这种笔名为"宝珠"笔的原因。其他厂家纷纷效仿，用水基墨水意味着可以利用水溶性染料制造出多种颜色的墨水。樱花彩色笔公司（Sakura Colour Product Corporation）迫不及待地想要造出类似的笔，但是，它意识到自己已经远远落后于竞争对手，便决定放弃跟风，推出自主研发的中性墨水。樱花彩色笔公司的研究团队研究了触变性材料——凝胶，静态时极其黏稠，一旦外力发生变化，就变得稀薄，流动性增强。经过数年的艰苦研究，团队试验了大量材料，甚至包括蛋清、磨碎的甘薯，终于研制出了兼具油基墨水和水基墨水特性的墨水，并于1982年申请专利。他们发明的中性墨水中能加入固体颜料，加入铝粉和毛玻璃粉还可以使所写的笔画具金属亮彩。这样一来，这种墨水便可调制成多种颜色——如今，樱花星座亮彩笔系列下设"月光"系列、"星尘"系列、"金属光泽"系列、"经典"系列，共有74种颜色和彩晕效果可供选择。

尽管选择众多，但我还是偏爱简简单单的白纸黑字，它为我的文字增加了权威性。不管在生活的哪个方面，我一向欠缺这种权威性。

Chapter 3

·第三章·

我谈了场恋爱，
不过对象是张纸

had a love affair but it was only paper

我书桌后面放着一个长8英寸、宽5英寸的索引卡盒，盒上饰有橙色和乳白色（维洛斯85，购于易贝[1]）。盒子旁边摞着3本黑色小笔记本，内页上都是我随手记下的笔记、信笔乱画的涂鸦、潦草记下的灵感，还有些备忘提示。我大概不会再去看这些内容了（就算看，多半也看不懂当时写的是什么），但我还是把这些本子保存着。这些本子当然是Moleskine牌（鼹鼠皮）的，除了鼹鼠皮笔记本，也没什么本子能让人有这么大反应了。这一点毋庸置疑。钟爱它的人对这种黑色的小笔记本有着近乎宗教信仰般的热忱。不过，也有人对此嗤之以鼻，认为用这种本子的人很做作；全世界，

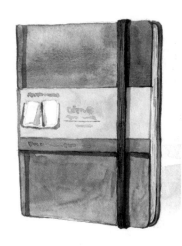

鼹鼠皮笔记本

1　易贝：即 eBay，又译作亿贝。

不管在哪座城市，总有人坐在附庸风雅的咖啡馆里，用着这个招摇的本子，显得自己富有创造力似的。鼹鼠皮笔记本、苹果笔记本电脑、白咖啡是这些人的标配。

每一本鼹鼠皮笔记本都内附一本小册子，详细交代品牌历史。它继承着传奇笔记本的衣钵，文森特·凡·高（Vincent van Gogh）、巴勃罗·毕加索（Pablo Picasso）、欧内斯特·海明威（Ernest Hemingway）和布鲁斯·查特文（Bruce Chatwin）等不少知名人士都用过这种笔记本。注意，这里用的词是"继承"，凡·高、毕加索、海明威和查特文用的并非鼹鼠皮笔记本，只是与之相似而已。

　　　　设计简约的黑色圆角矩形笔记本，有绑带，内附折叠式储物袋：完美无缺的无名之辈。

Moleskine"鼹鼠皮"这个品牌名源自英国旅行作家布鲁斯·查特文的《歌之版图》（Songlines）。书里说得很清楚，他对巴黎老戏剧院街上的"文具盒（Papeterie）"店里卖的"鼹鼠皮"笔记本情有独钟（这里的"鼹鼠皮"指的是笔记本的黑色油布封面）。查特文写道："笔记本的纸张呈矩形，绑带将环衬页固定得很妥帖。"

1986年，查特文要离开巴黎前往澳大利亚，临行前，他去了趟名叫"文具盒"的店里，想买几本笔记本在旅途中用。店主告诉他，这种笔记本越来越难订到货了，之前的供货商已经很久没有给她回信了。1968 年，有着亿万身价的实业家霍华德·休斯（Howard Hughes）听说巴斯金·罗宾斯（Baskin Robbins）冰激凌要停产他最爱的香蕉坚果口味冰激凌，便一下买了 1500 升制作这种冰激凌的原料（几天后，他又喜欢上了法式香草口味，他住了一年多的自家酒店只好免费给顾客送香蕉坚果冰激凌）。无独有偶，听说心爱的笔记本濒临停产，查特文也决定一次性买 100 本囤着。"100 本够我用一辈子了。"他在书中写道。可惜，他没有休斯那样的好运，来迟了一步。那天下午，查特文返回"文具盒"看笔记本有没有到货。"我跟店主约了下午 5 点见面，去了之后，她告诉我说供应商已经去世了，供应商的继承人把作坊卖了。她摘下眼镜，以近乎哀悼的口吻说'再也没有真正的鼹鼠皮（Le vrai moleskine n'est plus）'。"再也没有了。

远在查特文之前，甚至远在法国出现之前，人们就已经有在碎纸片上记东西的习惯。纸还没有被发明出来的时候，人们用莎草纸。纸莎草学名为 Cyperus papyrus，一般生长于浅水区，草茎呈三角棱柱状，高约 4.5 米，宽约 6 厘米。公元前 3 世纪左右，人们开始用纸莎草茎制作书写材料，因而称之为"莎草纸"。

老普林尼在《自然史》一书中介绍了埃及人制造莎草纸的工艺。首先，将草茎劈成片（"注意要尽可能地给每片草茎留够宽度"），然后将劈好的片放在事先"抹了尼罗河水"的平面上，"泥浆状的尼罗河水具有胶水的特性"。先纵向排放，裁去两端多余部分，然后再用草茎片横向穿插在刚才那层中。全部放完后，将其压制成一体，然后在日光下晾干。待其变成一个整体后，由好至次取用，直到用完为止。

连续几千年，莎草纸一直是最重要的书写材料，直到公元前190年。大约在公元前190年的时候，帕加马[1]国王欧迈尼斯二世（King Eumenes II of Pergamon）与埃及国王托密勒五世（Ptolemy V）产生争端，于是埃及不再向帕加马出口莎草纸。老普林尼在书中写道："正是在这段时期，人们发明了羊皮纸（parchment）。"事实上，早在几百年前，人们就已发明出羊皮纸，只是这一时期，羊皮纸制造工艺在帕加马得以改良。"羊皮纸"这一名称来源于帕加马的拉丁文名"pergamenum"。羊皮纸原材料取自动物的皮，最常见的是小牛皮、绵羊皮或山羊皮。动物皮取下后用石灰水清洗，除去毛发，然后置于木框中进行拉伸。用刀除去残余毛发即可，然后把皮留在木框中晾干。最好的羊皮纸使用小牛犊的皮制成，叫"犊皮纸"（vellum，取自表示小牛犊的拉丁文单词"vitulinum"）。

与莎草纸相比，羊皮纸和犊皮纸优势较多。埃及气候干燥，在这样的气候条件下，莎草纸相对耐用。可一旦到了稍微湿润些的地方，如西欧，莎草纸就很容易损坏。此外，莎草纸只有一面可供书写，而羊皮纸可双面书写，也更加耐用——实际上，羊皮纸上的字可以洗掉，可反复使用的羊皮纸又叫"重写本"（palimpsests），这个词来自古希腊词 palimpsestos，意为"重新擦干净"。羊皮纸，尤其是上好的犊皮纸，表面都比莎草纸光滑

1　帕加马：在小亚细亚半岛西北部的希腊化古国。

平整，在上面写出来的字更加精致，尤其是用羽毛笔写的时候。尽管如此，还是有人反对普及羊皮纸——罗马内科医生克劳迪乌斯·盖伦（Claudius Galenus）估计就抱怨过羊皮纸表面太过光亮，把自己的眼睛都弄伤了。他真是娇气，要是给他用您此刻正在看的这种纸，这个可怜鬼可能眼睛都要瞎了。不管怎样，羊皮纸还是在不断普及，到4世纪中期，莎草纸的主导地位已经岌岌可危。

查特文在"文具盒"店遭遇失落的十年之后，鼹鼠皮笔记本又重生了。米兰一家小出版公司Modo&Modo决定让这个"传奇一样的笔记本"重获新生。它的名字没有改，Modo&Modo希望保持其"纯正血统"，"复活一个出色的传统"。首批产量5000本，仅供给意大利的文具商。几年后，销售范围覆盖整个欧洲地区及美国，如今已经遍及全球。2006年，SG资本公司（SG Capital Europe）投资450万英镑收购Modo&Modo出版公司，"立志全面挖掘品牌的发展潜力"，2013年，该公司在证券交易所上市，公司价值已达4亿3000万欧元。

曾经的"无名之辈"就这样成了国际名牌，MOLESKINE的品牌指导方针和在线商标使用规则也同样出名。该公司官网指出，虽然他们"很乐意"让"所有能从鼹鼠皮这个名字中找到归属感的人"都可以使用这个商标名，可是因为其背后蕴含的故事和特性"，以及"伴随这个商标名多年的传统"，他们无法让人随意使用。也就是说，"任何人想用其商标名都需要就事论事、仔细评估"。该公司要求，任何人要想在线使用"鼹鼠皮这个名字或商标"，都必须直接向公司提出请求（我们会慎重考虑每个请求，并给出明确答复）。公司禁止人们将"鼹鼠皮"（MOLESKINE）商标用作"'笔记本''记事本''日程本'等非注册商标名称的代名词"。

SG 资本公司巧妙地借用"鼹鼠皮"这个名字，又扯上了背后说不清道不明的历史联系，这一市场营销策略十分成功，Moleskine 在国际上声名大噪。同类文具品牌纷纷跟风，也想用同样的招数分一杯羹。因此，鼹鼠皮坐立不安，不想让人用鼹鼠皮来代指"非注册商标名称"吧。不过，如果鼹鼠皮背后所谓的历史并不足信，那么它还有什么特别之处呢？该公司可能会说他们的鼹鼠皮笔记本品质优良，同类竞争产品难以与之相提并论，如其所称，"鼹鼠皮笔记本品质卓越，量身打造，独具质感，批量生产的笔记本难以超越"。

虽然鼹鼠皮笔记本一直以来都深受文具控的青睐，但近年来，英国推出"灯塔 1917"（Leuchtturm 1917）后，鼹鼠皮的地位便岌岌可危。从名字就可看出，灯塔笔记本公司成立于 1917 年，不过，直到 2011 年，卡罗琳·韦伯尔（Carolynne Wyper）和特雷西·肖特尼斯（Tracy Schotness）将这个品牌引入英国，灯塔笔记本才开始出现在英国市面上。

鼹鼠皮笔记本手工装订，使用无酸纸张，灯塔 1917 笔记本采用"防洇墨纸张"，这是其价格高出一般笔记本的理由吗？再说，闹市区的文具店里都推出了自己的 moleskine（小写 m，区别于鼹鼠皮笔记本用的大写 M）品牌笔记本。消费者对这些细节究竟有多敏感呢？当初，SG 资本公司收购鼹鼠皮品牌时，发生了一件挺有意思的事。他们在笔记本包装上做了小小的改动，加了一句说明：

中国装订印刷。

这个产地说明一出现，消费者纷纷认为鼹鼠皮的生产地挪到了中国。实际上，从第一批鼹鼠皮笔记本开始，产地就一直是中国，只是没有在产品上注明。SG 资本公司收购前后，鼹鼠皮笔记本都是一个样。可在鼹鼠皮的官网留言板和粉丝网上，有人指出，鼹鼠皮的品质不如从前了，可哪里不如从前了呢？他们说不上来：

自从鼹鼠皮的产地搬到中国之后……每一本都跟以前不太一样了。封面感觉好像不一样了，装订好像没有以前好了，味道闻起来好像有点怪。

有些人无意中做出了跟查特文一样的举动，想大量囤积"真正的"鼹鼠皮笔记本（一发现鼹鼠皮笔记本挪到了中国生产，我就赶紧去附近的博德斯书店，买了一些非中国产的鼹鼠皮笔记本囤着）。我们对笔记本质量的主观臆想是不是典型的安慰剂效应？就因为它是意大利工匠手工打造的，我们就认为它比所有的同类品牌都好？而它变成在中国批量生产的笔记本，我们立刻就往坏处想？真是讽刺，人们觉得"中国制造"就意味着质量差，却忘了中国才是造纸术的发源地，论造纸工艺，中国在很长时间里可都是处于世界领先地位的。

人们认为造纸术由蔡伦发明，之后，纸张才慢慢变成我们现在熟知的模样。是的，埃及人发明了莎草纸这种书写材料，"纸"（paper）一词也来源于此，可是此纸（莎草纸）非彼纸。生产莎草纸时，埃及人将植物交错叠放，压制成一张纸。而蔡伦的造纸术是将"纤维材料泡软，直到植物纤维完全散开"。

蔡伦是汉和帝时期的一名太监。公元89年，蔡伦获得晋升，负责掌管武器研发事务。在工作中，他发现有必要造出便宜的书写材料。据《后汉书·蔡伦传》（公元5世纪著）记载："自古书契多编以竹简，其用缣帛者谓之为纸。缣贵而简重，并不便于人。伦乃造意，用树肤、麻头及敝布、鱼网以为纸。"汉和帝为此赏赐了他。公元106年，汉和帝驾崩，邓皇后临朝称制。公元114年，蔡伦封侯。公元121年，邓皇后逝世，汉和帝的侄子汉安帝执掌政权，为巩固朝政，他把汉和帝的很多谋臣移出权力中心。面临囹圄之灾的蔡伦"乃沐浴整衣冠，饮药而死"。

一直以来，人们都认为是蔡伦发明了造纸术。不过，2006年，地处中国西北地区的甘肃省出土了一些麻纸，纸上写有文字。这些纸片的历史比蔡伦造纸早了100多年。时任敦煌博物馆馆长的傅立诚认为，这些纸片的制造工艺已经"相当成熟"，表明这种材料在那时之前已经使用了一段时间。尽管如此，傅立诚还是认为，不能以此抹杀蔡伦的功绩，蔡伦完善造纸术，使之系统科学化，确定了造纸的工艺，这一贡献是无与伦比的。

蔡伦到底是造纸术的发明者，还是仅仅完善了已经至少存在了 100 年的造纸技术？这一点我们暂且不提，但蔡伦的造纸术的确让后世的中国文化获益匪浅。纸张不仅仅可供书写、传播知识，还有很多别的用途：装饰艺术、企业管理与信贷、家居装饰以及卫生清洁（6 世纪左右，卫生纸普及）。蔡伦造纸术的详细步骤我们无从知晓，但肯定包括煮软树皮或布料这一步。将树皮煮软后加水，用棒槌捣击，或者用研钵捣捶，制成纸浆。然后，把纸浆捞出来，平铺在篾席上过滤水分，形成纸膜，晾干。最后，用石头打磨晾干的纸面，使之光滑，便于书写。随着造纸工艺不断完善，人们直接用篾席从缸中捞出纸浆，不再用手去捞纸浆。不过，基本工序没什么变化。

随着与中国的贸易往来增加，阿拉伯世界知道了纸的存在（"纸"在阿拉伯语中为"kāghid"，可能源自中文词"谷纸"，意为纸由谷树制成）。相传，公元 751 年，中国在怛罗斯之战中败给了阿拉伯人大军，两个造纸工沦为战俘，为了自由，他们被迫交代了造纸工艺。这个故事也许不可全信，但不管怎样，怛罗斯之战后，撒马尔罕确实出现了造纸术。公元 794 年，第二家造纸厂建于巴格达。到 9 世纪，造纸工艺已经传到大马士革和的黎波里，由此，造纸术逐渐传遍整个阿拉伯世界。10 世纪，非斯（Fez）[1] 成为造纸中心，据传，造纸工艺也是从这里传到了欧洲。1150 年，欧洲的第一家造纸厂诞生于西班牙的克萨蒂瓦（Xàtiva）。由此看

1　非斯：摩洛哥第四大城市。

来，一位英国作家在法国买到了鼹鼠皮笔记本，在其停产后十分怀念，而一家意大利公司基于此生产出了同名笔记本，这些笔记本再由中国制造就会导致质量下降？这个想法未免有点自以为是了吧。

我的鼹鼠皮笔记本上都是些信手写下的笔记涂鸦，其中的一些内容，现在已经完全看不懂了。开头的几页纸上，笔迹尚显犹豫慎重，似乎写的时候很紧张，考虑再三才下的笔。新买的笔记本总是让人有点紧张，总要用一段时间才慢慢放松下来，觉得写错了涂涂抹抹也没事。这能不能算鼹鼠皮价格偏高造成的弊端？鼹鼠皮笔记本越贵，你就越想用它记些比较特别的事情，好对得起这个价钱。牛津大学博德利（Bodleian）图书馆里还收藏着布鲁斯·查特文当年用的那些鼹鼠皮笔记本。那些笔记本里确实记着他的写作笔记，也有几篇《星期日泰晤士报》上的文章，不过也有伊丽莎白·查特文写的购物清单、家常杂务和菜谱。既然查特文可以用鼹鼠皮笔记本记购物清单，那我也可以在我的MOLESKINE笔记本上写这些东西。

既然鼹鼠皮笔记本太贵，使用它会让我有种不知所措的焦虑，那我或许该另寻他物，用那些廉价的笔记本。亮黄色的希尔维恩（Silvine）备忘簿比黑色的鼹鼠皮笔记本亲切得多。这种窄窄的笔记本纸质较差，跟鼹鼠皮完全是两个极端——廉价，用完即弃，订书针装订而非手工线装，随便在哪个路边报亭或便利店里都能买到。鼹鼠皮笔记本的品牌历史是精心构思出来的，没准都只是传说，但希尔维恩品牌的历史故事却是一种真正的传承。

威廉·辛克莱（William Sinclair）于1816年出生于约克郡奥

特利镇（Otley），曾跟威廉·沃克（William Walker）一起做学徒，学习印刷和书籍装订。1837 年，学徒期结束的他在奥特利镇附近的韦瑟比创业，然后于 1854 年重回奥特利。奥特利镇的印刷业欣欣向荣，1858 年，沃夫德尔（Wharfedale）印刷机（最早的圆筒状印刷机之一）问世，奥特利的印刷业更是如日中天。1865 年，威廉·辛克莱离世，他的两个儿子继承产业，一个叫乔纳森（Jonathan），一个叫约翰（John）。就这样世代相传，到现在，已经传了六代。1901 年，他们注册了希尔维恩商标，如今，希尔维恩旗下的产品有 300 多种。20 世纪 20 年代，希尔维恩推出了亮黄色备忘簿、收支簿和练习簿，至今仍在销售。

若非 19 世纪的造纸技术在进步，根本不可能有辛克莱家族生产出的这种用完即弃的廉价笔记本。继蔡伦造纸术之后，造纸工艺几乎一直止步不前。13 世纪，人们开始使用水磨作坊，大大减少了把造纸原料（通常为麻布或其他破布）制成纸浆所需的人力。可是，每造一张纸就需要用篦席捞一次浆，这项工作十分耗时——理查德·贺林（Richard Herring，不是那个喜剧演员）在其 1855 年出版的《纸张与造纸术》（*Paper and Papermaking*）中描述了一张"博物馆纸"（Antiquarian paper，尺寸为 53 英寸 × 31 英寸的纸）是如何制成的：

> 造一张纸需要很多纸浆。即使已经借助轮滑将模具抬出纸浆缸，也至少需要 9 个人才能抬出篦席。

造纸是一项体力活，需要耗费大量人力，任何一个有追求的实业家都不希望如此。于是，他们不断地寻求办法，试图用机械代替人力。1790 年，法国工程师路易斯 - 尼古拉斯·罗伯特（Louis-Nicolas Robert）来到法国埃松省（Essonnes）的迪多（Didot）造纸厂工作，发现造纸需要如此大的人力投入，对此很不满意，于是他设法发明出一种机械来代替人力。

　　几个月后，他把自己的计划拿给厂主皮埃尔 - 弗朗索瓦·迪多（Pierre-Francois Didot）看。迪多坦言他的计划"不靠谱"，不过仍然鼓励他继续努力。罗伯特按自己的设想做了一个机械样本，结果根本没法用。尽管罗伯特出师不利，迪多还是很相信罗伯特。不过，迪多认为罗伯特的精力也可以用在别处，于是把他调到了别的岗位。随后的 6 个月，罗伯特暂时被调去磨坊工作。在这段时间里，罗伯特的实验暂停了，但迪多最终还是鼓励他再试一次，并找了一些技术人员帮助他。他们做了一个微缩版的样机，对此十分满意，并制造了一台更大的样机，能生产 24 英寸大的纸张（适用于裁成流行的哥伦比尔裁尺寸纸张）。罗伯特拿了样机纸生产出的两张纸给弗朗索瓦的儿子圣·莱热（Saint Leger）看，给他留下了深刻印象。次日，圣·莱热就跟他一起去巴黎，为这项新发明申请了专利。

　　以前，一个线框只能制出一张纸，而罗伯特发明的机器自带连续网环。旋转圆筒将纸浆倒在网上，网环不断向前拖，水得以过滤，滴进下方的水缸中。接着，纸浆通过覆毡滚筒下，进一步挤压剩余水分，制造出与滚筒等宽而"长度超长"的纸张。罗伯特记录道："儿童都会操作这个机器。"

迪多家族曾给予过罗伯特支持，可他们最终还是分道扬镳了。罗伯特以 2.5 万旧法郎（相当于现在的 4 万英镑）的价格把专利卖给迪多家族，分期付款。可是，1801 年，迪多家族逾期支付，罗伯特收回了自己的专利。法国大革命后，这个发明就没什么进展了。1799 年，圣 - 莱热·迪多写信给约翰·甘布尔（John Gamble），咨询这个机器在英国是否有发展空间。甘布尔联系了伦敦的文具商亨利·福德利尼尔（Henry Fourdrinier）和西利·福德利尼尔（Sealy Fourdrinier），他们对这个机器很感兴趣。在技师布莱恩·唐金（Bryan Donkin）的帮助下，他们改良了罗伯特的设计，制造出一款新机器。此后的 6 年里，亨利和西利投资 6 万英镑（相当于现在的 580 万英镑），跟唐金一起完善了这款机器。可惜，他们的专利申请出了问题，这款机器的设计很快就被人盗用抄袭，他们的一番心血全都付诸东流。

虽然现代造纸机在纸张干燥和打磨上与福德利尼尔造纸机不同，但基本的工作原理相同。福德利尼尔造纸机生产出来的纸张虽然有脱水工艺，但纸张切割后仍需悬挂晾干。现在的造纸机则多了一道工序，纸张处于滚筒上时会经过烘缸进行烘干处理，烘干后的纸张经过两个压光滚筒，变得平整光滑、厚薄均匀。

人们在改进福德利尼尔造纸机时，并未改变纸浆，用的原料仍是破布。很快，破布就供不应求了。截至 19 世纪末，英国一年用于造纸的破布总量高达 12 万吨，其中有四分之三都是依靠进口（主要是从意大利和德国进口），寻找新原料的任务迫在眉睫。

1801 年，马赛厄斯·库普斯（Matthias Koops）写了一本书，书名非常"壮观"——《关于从远古时期到纸的发明期间用于记录事件、传播思想的材料的历史叙述》（*Historical Account of the Substances Which Have Been Used to Describe Events*, *and to Convey Ideas from the Earliest Date to the Invention of Paper*）。当时，大多数书籍用的仍是用破布纸浆制成的纸，而库普斯这本书所用的纸是用稻草制成的。不过，书的最后几页纸用的原料不是稻草，库普斯在书末附录中注明：

> 下文所用的纸全由产自本土的木材制成，不含以前用于造纸的任何破布、废纸、树皮、稻草或其他植物材料；如有必要，可提供更多丰富的实例。

库普斯"利用稻草、干草、蓟草、废麻布、各种木材和树皮制造用于印刷及其他用途的纸"，并于同年将这一方法申请专利。根据库普斯的办法，要先将木材刨成木屑，浸于石灰水中，加入苏打结晶煮沸，然后洗涤混合物，再次煮沸。在最终制成纸张之前，用"常见的造纸步骤"挤压掉多余水分。库普斯还补充了一点："有时候，先让材料发酵几天，加热，然后再制成纸浆，这样更简便。"尽管马赛厄斯·库普斯在造纸原料中列出了木材，但发现木材可用于造纸的人并不是他，甚至不是人类，而是黄蜂。

1719 年，法国科学家雷奥米尔（René Antoine Ferchault de Réaumur）发现黄蜂筑巢所用的材料与纸十分相似：

> 美国黄蜂能造出质量上乘的纸张，与人类造出的纸张一样优秀；它们从居住地附近的树木中抽取纤维。它们可以用植物纤维造纸，而不需要用麻布或其他废布，好像在邀请我们也来尝试一下，看看人类能否用特定的木材制造出精美优质的纸张。如果我们能找到跟美国黄蜂造纸所用的树木类似的木材，我们就可以造出更洁白的纸，因为这种材料本身就非常白。将黄蜂用的那种纤维捣烂成糊糊，我们就能制造出非常出色的纸张。

雷奥米尔也指出："我们造纸用的废布成本太高，而且造纸商也都清楚，这种原料越来越难找了。"虽然雷奥米尔有以上发现，但也仅仅止步于此。

后来，有些人尝试用不同的材料造纸，也曾注意到雷奥米尔的发现，但最终只有库普斯真正把雷奥米尔提出的概念变成了现实。可惜，事实证明，这项实验也让他付出了惨痛的代价。库普斯及其投资人斥资4.5万英镑（相当于现在的280万英镑）建了一个大型造纸厂，工厂的所在地即后来声名远扬的伦敦米尔班克（Millbank）。这个造纸厂成功地用稻草和其他材料造出了纸，可还是没能收回成本，最终倒闭。1802年12月，工人联名写信给股东，告诉他们造纸厂关闭后，"大量纸张在缸房中慢慢腐烂，缸里的纸浆也在腐烂"，还说"我们应该感到欣慰，因为你们决定遣散我们只是我们运气不佳，而不是因为我们犯了错"。他们遭受了如此待遇，信末的签名却是"苦恼但依然无比顺从的雇工"，其隐忍令人钦佩。此后几十年，谁也没能成功地用木材造纸；但几十年过后，一下子出现了两个。

1821年，查尔斯·芬纳蒂（Charles Fenerty）出生于加拿大新斯科舍省（Nova Scotia）。芬纳蒂家在加拿大的林区有个木材厂，他从小就在锯木坊工作，帮工人在附近的森林里伐木。19世纪二三十年代，加拿大出现了很多造纸厂，但废布供应量持续减少。于是，19世纪40年代初，芬纳蒂开始尝试用木纤维造纸。1844年，他给当地报社写了封信，信中附有他制造出的纸张样本：

> 信里附有一张"纸"，我想确认能否用"木头"造"纸"，这就是我的实验成果。事实证明，此事可行。各位，我寄给你们的样纸就是实证。这个样纸质地坚挺、颜色洁白。种种迹象表明，它跟用麻布、棉布或其他材料制成的包装纸一样耐用；而它"实际上是用云杉木制成的"。除了被捣烂成纸浆的原料是云杉木之外，其他的造纸步骤与之前的无异。

当年，芬纳蒂不过20出头，发明创造的劲头十足。他极力说服加拿大的各大造纸商采纳他的想法，可是在他们眼里，芬纳蒂不过是个年少轻狂的孩子。差不多同一时期，德国织布工弗里德里希·哥特罗布·凯勒（Friedrich Gottlob Keller）发明了碎木机，并成功申请了专利。碎木机中的砂轮可将木块磨碎，变成木质纤维，并制成木纸浆。为了使纸张坚挺，凯勒用木纸浆造出的第一张纸中，含有 40% 的棉纤维，后来又成功制出纯木浆纸张。1846 年，凯勒将专利卖给萨克森的造纸商海因里希·弗尔特（Heinrich Voelter），弗尔特携手工程师约翰·马休斯·福伊特（Johann Matthäus Voith）大规模生产了凯勒发明的碎木机，最终凯勒一无所获。

很快，木制纸张全面取代呢纤维纸张，只有纸币例外。英格兰银行发行的纸币"采用棉纤维与亚麻纤维制成，不易破损，比木制纸张更加坚挺耐用"。这种纸币用纸由拥有"纸币印刷许可证"的专业造纸商供应。2013 年，英格兰银行表示将用聚合材料生产纸币（从印有温斯顿·丘吉尔头像的 5 英镑纸币开始，将于 2016 年投入使用），这种纸币更加"干净、安全、耐用"，寿命是普通纸币的 2.5 倍。有些人认为这种纸币不仅寿命较长，还有别的优势。2013 年，加拿大中央银行发行聚合材质制成的 100 加元纸币，据传这种纸币内嵌"经摩擦可散发香味"的嵌料，闻起来像加拿大举世闻名的枫糖浆。很多加拿大人都有这种感觉，但加拿大中央银行发言人告诉 ABC 新闻[1]："银行并未在纸币中添加任何气味。"对此，蒙特利尔麦吉尔大学（McGill University）神经学与神经外科学学院的玛丽莲·琼丝 - 戈特曼（Marilyn Jones-Gotman）认为，都是"嗅错觉"在捣鬼，人们认为自己闻到了一种味道，实际上那种味道并不存在。

凯勒的发明告诉世人，木纸浆是可以用来造纸的。一时间，人们纷纷寻求更高效的制浆法。用凯勒碎木机磨出的木纤维制作

---

1 ABC 新闻：美国广播公司（ABC）所播出的新闻节目总称。

纸浆，造出来的纸很容易破损，时间一长就会泛黄。问题在于，磨出来的纸浆中含有木质素，这是树木细胞壁中的一种化合物。既然已找出问题根源，人们显然需要对症下药，设法除去木纸浆中的木质素。经过化学处理，木质素被清除了，纸张变得更加坚挺、坚韧耐用（不过，以前的很多旧报纸都发黄了，可见老式纸浆法并未完全被遗弃）。

1851年，人们开始尝试制造更加洁白干净的纸张。赫特福德郡的休·布格斯（Hugh Burgess）和查理·瓦特（Charles Watt）在碎木条中添加烧碱，通过高压煮沸制出纸浆（即"苏打制浆"），造出来的纸非常白净。可是，他们没能顺利地推广苏打制浆法。19世纪60年代，美国费城的发明家本杰明·C.蒂尔曼（Benjamin C. Tilghman）在制浆时加入硫酸使纸张更白，但因资金有限，他的发明也未能进一步发展。真正成功凭借制浆盈利的是欧洲人卡尔·丹尼尔·艾克曼（Carl Daniel Ekman）和乔治·弗莱（George Fry）。1872年，艾克曼效仿蒂尔曼，在纸浆中加入重硫酸盐和氧化镁。艾克曼是瑞典人，与乔治·弗莱合作后，迁至英国居住。1874年，瑞典新建了一家造纸厂，采用了艾克曼 - 弗莱的亚硫酸制浆法，从此这种制浆法成为主流。直到20世纪40年代，德国化学家卡尔·F.达尔（Carl F. Dahl）发明的硫酸盐制浆法取而代之。这种制浆法采用硫酸钠材料，纸浆质量更好，制浆法的名称——Kraft是德国单词，意为"力量"。

化学制浆、机械生产，都能够又快又好地生产出品质优良、坚固耐用、多种厚度的纸张。于是，人们开始考虑制定纸张的标准尺寸和厚度。在那之前，曾有过类似的尝试——博洛尼亚市立考古博物馆（the Archaeological Civic Museum of Bologna）中陈列着一块石灰板，板上描述的估计是最早的标准纸张尺寸。这块石灰板可以追溯到1389年，上面刻着一段话：

> 此为博洛尼亚市纸张铸模，博洛尼亚市及周边地区所造的棉纸的尺寸必须遵循以下规定。

下面一段铭文列出了四组矩形尺寸，分别为"帝国"（inperialle）、"皇家"（realle）、"中等尺寸"（meçane）和"公共档案用"（reçute）。即使后来采用十进制，前两种尺寸也仍未被弃用（尽管各种产品在具体尺寸上略有差异），其中，"帝国"尺寸很有可能源自莎草纸手稿的常见尺寸。

中世纪末，造纸商开始给纸张添加水印，象征品质保障。当纸张在铸模上成型，他们便将设计好的铁丝压在纸上，印出水印。水印的用途很多，既是造纸商的标识，又能区分纸张尺寸，例如"大页纸"（foolscap）——13.5英寸 × 17英寸大小的纸张。"大页纸"这一名称源自水印"傻子的帽子"（fool's cap，原始图案是一顶帽子和一只铃铛，旧时的戏剧书和故事书用的纸上常见到这种图案）。15世纪中期，这个水印传入英国，尽管后来水印图案变成了"不列颠尼亚"[1]或狮子，名称还是一样——截至目前，就

---

1 不列颠尼亚：Britannia，象征英国的一名女神，头戴钢盔，手持盾牌和三叉戟。

我所知，在布莱恩·伊诺（Brian Eno）的歌里，这是唯一被提到名字的纸。

1786 年，德国物理学家乔治·克里斯托弗·利希滕贝格（Georg Christoph Lichtenberg）致信科学家约翰·贝克曼（Johann Beckmann），向他介绍自己给学生出的一道题。他让学生找出把纸张对折后还能保持长宽比例不变的一种纸。为了说明，利希滕贝格在信中附上了一张这种纸，并在信中说，"我已经找到这种比例的纸了。我一度想用剪刀照此尺寸剪出一张纸，却惊喜地发现，我们已经在用这种尺寸的纸了，我现在就在这样尺寸的纸上写字呢"。利希滕贝格原本想把这个问题变成一道数学难题，却发现答案一直就在眼前：媒介即讯息。

利希滕贝格认为这一比例"⋯⋯舞、卓尔不群"，并询问道："这一尺寸是什么时⋯⋯成为惯例的呢？这一尺寸从何而来，看起来不⋯⋯其实，利希滕贝格给学生出的这个难题并非他的⋯⋯，多罗西亚·施洛泽（Dorothea Schlozer）就已⋯⋯问题。施洛泽是一位德国学者，也是被称为"⋯⋯Universitätsmamsellen）[1]的 5 位女性学术精英中的一员。显然她解决了这个问题，可是1755年，她拿这个问题去请教老师时却没有得到答案。

利希滕贝格这个问题的正解有几分神奇色彩，而它就是$1 : \sqrt{2}$（约为1 : 1.41）。将这种比例的纸张（平行于较短边）从

---

1 德国大学：活跃于18世纪末到19世纪初的德国学者，均为德国哥廷根大学教授的女儿。

中间剪开，可以得到两张纸，比例仍为 $1:\sqrt{2}$。如今我们使用的 A 系列纸张便符合这一尺寸规律（A3 纸从中间剪开可以得到两张 A4 纸）。而这一规律竟可追溯至 1000 多年前（博洛尼亚市立考古博物馆那块石灰板上列出的四种尺寸中，有两种尺寸的长宽 $1:1.42$，几乎完全符合这一规律）。

　　一战后，德国的沃特·波尔斯曼（Walter Porstman）博士提出了更加全面、系统的尺寸制度。波尔斯曼于 1886 年出生于吉尔斯多夫（Geyersdorf），大学时专攻数学与物理专业。1917 年，波尔斯曼首次发表关于标准化的论文，引起了德国标准化协会[1]会长沃德玛·海尔密希（Waldemar Hellmich）的注意。之后几年，波尔斯曼进一步细化标准。1922 年，德国标准协会采纳了这一纸张标准，编号为 DIN476。1924 年，比利时也采用了这一标准，紧接着，世界各国纷纷效法。截至 1960 年，共有 25 个国家使用了这一标准，到 1975 年底，国际标准化组织将其列为国际标准，编号为 ISO216。

　　ISO216 详细阐述了 A 系列纸张的折算公制。最大的 A0 纸张面积为 1 平方米，尺寸是 841 毫米 × 1189 毫米（符合利希滕贝格提出的比例）。将 A0 大小的纸张平行于短边对折裁开，得到两张 A1 大小的纸张，依此类推：

1　德国标准化协会：Standardisation Committee of German Industry，德国标准化学会（DIN）的前身。

A 系列	尺寸（mm）
A0	841 × 1189
A1	594 × 841
A2	420 × 594
A3	297 × 420
A4	210 × 297
A5	148 × 210
A6	105 × 148
A7	74 × 105
A8	52 × 74
A9	37 × 52
A10	26 × 37

ISO216 对 B 系列纸张（主要用于印刷）尺寸也做了详细说明。1976 年，国际标准组织出台 ISO269，详细说明了用于信封的 C 系列纸张尺寸——一个 C4 大小的信封可以装进一张展开的 A4 纸，依此类推。

在 1840 年邮政服务进行改革之前，人们在寄信时并没有广泛使用信封，因为邮费是按用纸数量计算的，因此一个信封也按一张纸计费。为了省钱，人们都用邮简，邮简反面写完内容后折叠密封即可，不需要信封。1837 年，社会改革家罗兰·希尔（Rowland Hill）出版了一本手册——《邮局改革的重要性与可行性》（*Post Office Reformation：Its Importance and Practicability*），提议改革邮政服务。希尔建议简化整个邮政服务体系，大幅降低邮费，不再按用纸数量计费，而按照重量计费。最重要的是，希尔提议，不论收件地址在哪儿，同一地区价格一致，且由寄信人付费（以往都是由收信人付费）。1840 年，希尔的提议得到采纳，邮局推出两种预付费方法——买邮票、用邮资邮简或邮资信封。

艺术家威廉·马尔雷迪（William Mulready）接受委托，为邮资邮简和邮资信封设计图案。希尔原以为这些邮资邮简和邮资信封会比邮票更流行，不过，这些印着不列颠尼亚女神和雄狮图案的邮资邮简和邮资信封华丽过头，才推出几天就饱受嘲讽。在日记中，希尔记录了自己的担忧，可能得"用一些新的邮票来代替马尔雷迪的设计"，因为"人们对这种美无动于衷，甚至有点厌恶"。马尔雷迪设计的邮简和信封很快就被停用了，取而代之的是有凸饰的信封，图案是威廉·怀恩（William Wyon）设计的维多利亚女王头像。怀恩设计的这种信封只卖 1 便士，迅速受到追捧。不过，还是无法撼动邮票的地位，毕竟邮票好用多了。

邮政改革后，邮费锐减，马尔雷迪设计的邮资邮简和邮资信封不受欢迎了，人们亟须批量生产的廉价信封（改革前，英国每年的信件流通量只有 2600 万件，而到了 1850 年，这一数字增至 3 亿 4700 万，其中 3 亿件都用了信封）。以往，人们将矩形纸张裁成菱形"模板"，造成了极大的浪费。1844 年，伦敦的文具商乔治·威尔逊（George Wilson）的设计"改良了信封制作方式"，获得专利。按照他的设计，信封模板变成矩形，可以节约许多纸。次年，罗兰·希尔的兄弟埃德温（Edwin）和造纸商沃伦·德拉鲁（Warren de la Rue）合作，发明了一款机器并获得专利。这种机器不仅可用于裁切信封模板，还能自动把模板折成信封（以往，人们需要用锡板手工折信封）。

渐渐地，信封的款式和形状越来越丰富，功用也各不相同：开口在短边的"口袋"信封、开口在长边的"钱夹"信封、传统的菱形"礼仪信封"、偏矩形的"手册"信封、"票券"信封、"侧缝"信封、"公告"信封。种类繁多，难以细数。传统的"礼仪信封"采用菱形信封模板，这种信封有个好处：只需密封信封口的尖角即可。不过，引进阿拉伯胶后，"自黏信封"的密封就不是问题了。1855年，一位礼仪作家指出，虽然火漆十分优雅，但在"自黏信封"出现后，"就不再必不可少了"。他还告诫人们，不要用尺寸过小的信封。他说："别把太大的信纸或太多信纸塞进小信封里，那样很没品位，就好像把一只肥硕的手塞进过小的手套里，笨拙且难看。"阿拉伯胶需要变湿才有黏性，可以用舌头舔，也可以用滚筒沾水把它弄湿。这可不是什么有意思的事。

《宋飞传》里《结婚请柬》（*The Invitations*）这一集中，乔治说服未婚妻苏珊买杂货店里最便宜的那种结婚请柬，店员说他们要的那种请柬因为胶水有问题，已经停产好几年了，不过算乔治的运气好，他们店里还剩几箱存货。于是，乔治把舔信封的活交给了苏珊（舔胶水的感觉太恶心了，她说："呸，烂透了！"）。舔完那些信封后，苏珊就昏倒了，立刻被送往医院，之后不治身亡。医生委婉地把这个消息告知乔治，问他苏珊是不是接触了什么"廉价胶水"，因为在她血液中发现了"一种有毒的胶水，常用于极其廉价的信封"。乔治告诉医生，苏珊一直在舔信封，他们大概要请200位宾客，所以买了廉价信封，我想这应该情有可原吧。

不过，这种事情在现实中会发生吗？信封上的胶水对人体有害吗？2000年，互联网上盛传一个故事：

> 如果你习惯舔信封上的胶水……看完下文后，你决不会再这么做了！
>
> 加利福尼亚邮局有位女职员。因为没有海绵块，有一天，她直接用舌头去舔湿信封上的胶水，结果舌面被划开了一道伤口。一周后，她的舌头发肿，她便去看医生，但医生没发现有何异常。又过了几天，她的舌头肿得更厉害了，而且异常疼痛，连东西都吃不了。她又去了一趟医院，要求医生做点什么。医生给她的舌头照了X光片，发现舌头里有肿块，便为她安排了一场小手术。
>
> 切开肿块后，一只活蟑螂爬了出来。原来，信封封条上有些蟑螂卵，口腔内温暖湿润，于是这些卵在她的舌头内部孵化了。
>
> 这是真实故事，美国有线电视新闻网（CNN）曾做过报道。

斯诺普斯网站已经彻底揭穿了这个故事的虚假面目，可是，它跟其他的都市传说一样，依然流传甚广。

虽然这个故事不足信，但不等于信封对人体无害。1895年，

《纽约时报》报道了S.费切海默（S.Fichheimer）的死讯，称他死于"血液中毒，因为他舔信封时割伤了舌头"。信封确实能致死，不过不常见——所以放心地睡吧，不要做噩梦。

ISO216纸张尺寸标准定得如此简单，几乎所有国家都采用了这个标准，可美国却一直拒不接受这个标准。这个国家始终不愿意完全接受公制，格兰帕·辛普森（Grampa Simpson）曾叫苦不迭："公制是魔鬼的工具！我的车改装了40次才装上我想要的那种油桶。"是出于害怕还是因为惰性？我们无从知晓。不过，美国如此坚决地抵制还是有点不正常。对此，美国中情局（CIA）出版的《世界概况》（*World Factbook*）解释道：

> 如今，世界上只有三个国家——缅甸、利比里亚和美国——尚未采用国际单位制（SI，或公制）作为计重测量标准。尽管1866年公制就为美国法律所许可，但用它替代美国习惯计量制依然步履维艰。美国习惯计量制由英国法定标准系统而改编。美国是唯一一个在商业事务和传统活动中不采用公制的工业化国家，不过，在科学、医药、政府以及很多行业中，公制正慢慢被接纳。

抓紧点啊，各位。

ISO216标准的优势如此明显，但美国拒绝接受，美国仍在使用基于英寸的计量制度，最常见的是"信纸"（letter，8.5英寸×11英寸规格），除此之外，美国人还用"法律文件纸"（legal，8.5英

寸 ×14 英寸规格）、"小报尺寸"（tabloid，11 英寸 ×17 英寸规格）。美国信纸使用的"8.5 英寸 ×11 英寸"规格起源并不明确（但的确源于欧洲），可能是由荷兰造纸商 17 世纪引进的纸框而来，这个纸框尺寸达 17 英寸 ×44 英寸，人一次能够到的最大面积也不过如此吧。美国信纸的"letter"尺寸正是这个纸框尺寸的四分之一。

从名称即可看出，8.5 英寸 ×14 英寸大小的"法律文件纸"是法律从业人员的常用纸张。1884 年，马萨诸塞州一家造纸厂的员工托马斯·霍利（Thomas Holly）收集碎纸片，装订在一起做成廉价拍纸簿。对他而言，荷兰造纸商两百多年前确定的纸张尺寸限制毫无意义，他想做多大尺寸的纸就做多大的，每张纸都比上一张大 3 英寸。他还成立了美国纸本纸张公司（AMPAD，American Pad & Paper Company），专卖这种拍纸簿。后来，文具商威廉·博克米勒（William Bockmiller）联系他，提出一个特别要求。博克米勒的一位顾客是法官，每次买了空白纸张的拍纸簿，回去后都要自行画线，他希望能买到印有平行线的拍纸簿，页面边缘要留有空白，以便添加注释。于是，霍利着手生产这种拍纸簿，也就有了现在的"法用拍纸簿（legal pad）"。不知道为什么，传统的法用拍纸簿纸张皆是黄色的，有人认为，最初的拍纸簿混合了不同厂家的纸，颜色不均匀，为了统一颜色，一律染成了黄色。还有人认为用黄色是为了便于区分文件类型。不管怎样，颜色再也没变过，有些人认为黄色纸张没有纯白纸张那么伤眼睛。

虽然霍利对法定拍纸簿的发展贡献突出，但是，1903 年 11 月，新闻报道开始曝光该公司内部的金融违规问题：

文具演化年表

公元前 3000 年

■ 人们用芦苇秆写字，并逐渐演化为芦苇笔

公元前 3 世纪

■ "莎草纸"诞生，并在很长一段时间内成为人类主要的书写材料

公元前 200 年

■ 中国已经有了造纸术，东汉时期（约公元 105 年）蔡伦改进了造纸术，并逐渐传到越南、朝鲜、日本等东亚地区

公元前 190 年

■ 人们改良了"羊皮纸"

6 世纪

■ 羽毛笔诞生，并在很长一段时间内被人类使用

■ 卫生纸普及

751 年后

■ 源于中国的造纸术传到了撒马尔罕（中亚古城），并逐渐在阿拉伯世界传开

9 世纪

■ 造纸工艺传到大马士革和的黎波里，并传遍阿拉伯世界

■ 带有金属笔尖的笔诞生

10 世纪

■ 菲斯成为造纸中心，造纸工艺也在这一时期传到欧洲地区

■ 北非法蒂玛王朝的首脑穆仪兹下令研发金属笔，即钢笔的蓝本

16 世纪

■ 墨水笔诞生，这不是现在我们所说的"水笔"，而是自带墨水存储管的笔

16 世纪初

■ 英国的凯西克地区发现了石墨，随后，人们用石墨条写字、做记号

16 世纪末

■ 现代铅笔的雏形在英国凯西克地区诞生

1690 年

■ 世界上第一家生产胶水的工厂在荷兰建成，用动物皮制造胶水，而在数万年前，原始人已经开始使用植物胶、沥青等物质来黏粘、修补物体

1770 年

■ 约瑟夫·普里斯特利记录了英国文具商爱德华·奈恩所售的可以擦除铅笔痕迹的橡胶材料制品，并将其命名为"橡皮"，这是最早的"橡皮擦"的记录

1781 年

■ 英国人托马斯·贝克威思发明了彩色铅笔，并申请了专利

1790 年

■ 法国工程师罗伯特发明了造纸的样机，申请了专利，但未投入生产

1799 年

■ 伦敦的文具商亨利·福德利尼尔和西

1801 年

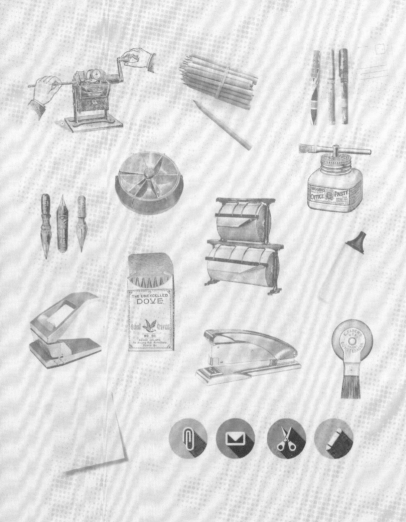

公元前 3000 年 ～ 1989 年

准，编号 DIN476，其后，各国纷纷采用这一标准

1930 年

■ 美国 3M 公司的迪克·德鲁发明了透明胶带

1941 年

■ 派克公司推出派克 51 系列钢笔

1951 年

■ 美国女性贝蒂·麦克默里发明了"液体纸"，这是最早的涂改液（修正液）

1954 年

■ "派克记事"圆珠笔上市，同年，华特曼公司推出"华特曼 CF"墨芯墨水笔，首次使用塑料吸墨管

1969 年

■ 汉高公司推出百特胶棒，发售至今，百特胶棒已经售卖到 120 多个国家，售出 25 亿多支

1975 年

■ 国际标准化组织把首先在德国推行的纸张标准化为国际标准，编号 ISO216，其中规定了 A、B 系列纸张的标准尺寸，这一标准延续至今

1989 年

■ 日本的一位橡皮制造商发明了修正带

■ 万宝龙推出第一批大班系列钢笔，万宝龙主打高端路线，生产奢侈品级的钢笔

1932 年

■ 拉佛雷斯和同事皮侬一起申请了制作圆珠笔的机械装置专利

■ 德国化学家奥古斯特·费舍尔研制出万能胶水

■ 美国人威廉·G. 潘科宁发明了"起钉器"并申请专利

1945 年

■ "雷诺兹国际"圆珠笔在美国发售，是第一款在美国销售的圆珠笔

■ "比罗"圆珠笔在英国首次发售

1952 年

■ 万宝龙推出大班 149 系列钢笔

1963 年

■ 日本 OHTO 笔公司研发出了首次使用水基墨水的圆珠笔——宝珠笔

■ 美国卡特墨水公司发布了黄色荧光笔和马克笔

1974 年

■ 美国 3M 公司的斯彭斯·西尔弗和特·弗赖伊发明了便利贴，并于 1977 年上市发行

1979 年

■ 美国比百美公司生产的可擦圆珠笔上市

■ 马赛厄斯·库普斯为其"用草、木材和树皮制造出用于印刷和其他用途的纸"申请了专利

19 世纪 40 年代

■ 加拿大人芬纳蒂开始尝试用木纤维造纸，同一时期，德国织布工弗里德里希·哥特罗布·凯勒发明了碎木机，把木块制成了木纸浆，造出了以木纤维为主要原料的纸

1840 年

■ 英国人西奥多·胡克骑士寄出了世界上的第一张明信片

1867 年

■ 美国人塞缪尔·B. 费伊发明了回形针(曲别针)

1884 年

■ 美国华特曼公司推出理想牌钢笔，这就是现代钢笔的雏形

1899 年

■ 专利文献中第一次出现类似"宝石牌回形针"的设计，这种回形针与现在使用的回形针最为相似

1905 年

■ 美国人弗兰克·加德纳·珀金斯成功制造出第一支植物制胶

1913 年

■ 派克笔公司推出派克墨水笔

1917 年

■ 德国人波尔斯曼首次发表了纸张标准化的论文，并进一步将标准细化

1922 年

■ 德国标准协会采用波尔斯曼的纸张标

利·福德利尼尔改良了罗伯特的设计，制造出了新的造纸机器，又在此后 6 年中逐步完善机器，现代造纸机与该机器的工作原理基本相同

1828 年

■ 法国人伯纳德·拉斯蒙发明的卷笔刀获得专利，世界上第一个真正的卷笔刀诞生

19 世纪中期

■ 蘸水笔(大多为带有金属笔尖的羽毛笔)诞生

1858 年

■ 铅笔和橡皮擦合二为一，并慢慢演化成我们现在所用的戴着橡皮擦的铅笔

1868 年

■ 美国人阿尔伯特·J. 克莱兹克发明了订书机并申请了专利，是最早的订书机之一

1888 年

■ 奥地利工程师海因里希·萨克斯发明了图钉

20 世纪初

■ 人们开始生产电动刨笔机，初期主要是供铅笔厂使用

1908 年

■ 万宝龙前身(简便墨水笔公司)推出其第一款钢笔"红与黑"

1915 年

■ 美国的查尔斯·基兰发明了自动铅笔——永锋铅笔，并获得专利

1921 年

■ 派克多福笔("大红笔")诞生

1924 年

黄色活用拍纸簿

　　周六，长期任公司董事长兼财务主管的托马斯·W. 霍利被指控贪污、挪用公款。具体挪用金额数目尚不明确，可能是3.5万美元。

　　人们普遍相信霍利发行了虚假证券，并从中牟利。几天后，据《洛厄尔太阳报》报道，他可能逃到了加拿大：

　　美国纸本纸张公司的财务主管托马斯·W. 霍利目前行踪不明，据其好友暗示，他目前在加拿大，并且，想知道政府将以什么名义来逮捕他。

　　据说，他所有的人寿保险中都有关于自杀的条款，不知

这将给他及其家人带来什么好处。他带走了一份保险金高达
3 万美元的保险，他预感到迟早会用得上这份保险。一旦他
遇到问题，这份保险就可以维持其家人以后的生活。

虽然我们熟悉的美式黄色"法用拍纸簿"由霍利推出，但他
并不是最早卖印有平行线格子的拍纸簿的人。1770 年，伦敦的约
翰·泰特洛（John Tetlow）发明了一台能"生产印有平行线格的
音乐用纸或用于其他用途的纸张"的机器，并获得了专利。7 年
后，约瑟夫·费希尔（Joseph Fisher）为其"通用机器"申请专利，
这台机器可以生产"带有辅助书写或绘画的格子的纸张"，包括
方格纸。大部分人觉得，有平行线格和方格就够用了，但有些人
觉得不够。这些人只好去买 Writersblok 的点状格纹纸张，或是西
班牙平面设计师杰米·纳尔瓦埃斯（Jamie Narvaez）设计的夸德
尔诺牌（Cuaderno）笔记本。夸德尔诺系列的笔记本有如下说明：

> 每套 4 本，除传统的线格和方格，还有新图案。虽然仍
> 然作笔记本用，但也可以视作画册。欢迎使用者发挥想象，
> 尝试用它写写画画，让我们重新把注意力放回本子上。

法用拍纸簿，例如霍利生产的那种，大多在顶部进行装订。
每张纸上方都有一排细密的穿孔，便于撕下来用。除此之外，笔
记本的装订方式还有很多种：希尔韦恩记事本用的是订书针；鼹
鼠皮笔记本则是手工线装；黑与红（Black n' Red）笔记本都是

精装本；还有线圈装的便笺簿。我发现这种便笺簿很容易引起困惑，顶部用的是线圈，所以翻页记笔记非常方便，快速潦草记下之后立刻就可以翻过去，可是，我会渐渐忘了该往上翻页还是往下翻页，写到一半我就分不清东西南北了。如果用的是那种左右翻页的笔记本，我想找到某个匆匆记下的笔记时，至少还能想起来记在了左边还是右边。可是用这种本子的时候，我根本不知去哪儿找，到处都是笔记。这种本子需要添加"搜索"功能。

现在，笔记软件应用越来越流行了，例如苹果手机上可以安装的 Note 或印象笔记（Evernote），这样一来，"定位信息"这个问题就解决了。你可以在不同设备上同步笔记，搜索十分便捷，用笔在纸制本上做笔记显得越来越落伍。可是，这两种记笔记的方式并非水火不容。鼹鼠皮推出的印象笔记智能笔记本（Evernote Smart Notebook）尝试结合这两种方式——既有实物书写的触觉快感，也能享受云计算和在线搜索带来的便利。在笔记本上写完笔记后，用户可以给笔记添加相应主题的"智能标签"（家庭、工作、旅行、操作、同意、拒绝），然后用扫描摄像头拍下当前笔记。笔迹的可辨认度越高，以后搜索起来就越容易。不过，软件估计无法识别我的字迹，因为连我自己都看得一头雾水。如今，我们越来越依赖高科技产品，打字水平越来越高，可代价却是我们写的字越来越难看。

不过，这个问题很好解决。要想机器能辨识我们的字迹，我们就要多多练字。多动手写字，因为你的电脑需要你这么做。

Chapter 4

· 第四章 ·

我不动铅笔，
他们就动不了

they can`t move until I pick up a pencil

　　我们从小就结识了铅笔，长大之后才开始用钢笔。因此，我们想当然地认为，铅笔的历史比钢笔的悠久。铅笔十分朴素，尤其是笔身，既不是塑料管，也不是金属管，而是普普通通的木头，材料古朴简单。可是，木制铅笔的历史并不像我们想象的那么悠久。可以说，铅笔既比"铅笔"一词的历史久又比它的时间短。尽管这句话读起来有点莫名其妙，但也有几分道理。早在铅笔发明之前，就已经有了"铅笔"这个词，只不过，这里所说的"铅笔"并非我们如今所用的那种传统木杆铅笔。

　　penicillum 这个词跟 penis（意思是"尾巴"）源于同一个拉丁词词根，是一种细头画笔，用来创作精细的书画作品（画笔用的毛来自动物尾巴。幸好，我们的目的看起来还算单纯，否则，我们真该为此残忍之举感到脸红）。由此，penicillum 演变为古法语词 pincel，最终进入中古英语[1]，变成 pencil。不过，直到 16 世纪初，pencil 这个词才有了"铅笔"这层意思，在那之前一直指的是毛制画笔。这里的"铅"也有误导性——古希腊和古罗马人用

1　中古英语：指的是约 1150 年至 1500 年使用的英语。

的尖笔是用铅做的，但我们现在用的铅笔并不含铅。这可让人松了一口气，因为铅的毒性很强，不适合用来做小学生使用的铅笔（除非你不喜欢那些小孩）。

铅笔的起源，要从16世纪初坎伯兰（Cumberland）[1]一个暴风雨肆虐的晚上说起。具体是哪一年，已经不得而知。不过，流传最广的说法是：当晚，一袭狂风连根拔起凯西克镇（Keswick）附近博罗代尔地区（Borrowdale）的一棵参天橡树，露出一块矿床，里面是一种神奇的黑色矿物质——石墨。人们给这种新物质起了很多新名称，例如"黑色铅"（black lead）、"kellow""killow""wad"或"wadt"，这些词都跟"黑"有关，不过，最常用的称呼还是"黑铅"（plumbago），因为它跟铅很像。因为石墨跟铅相似，才有了"铅笔"这个词，成了一个奇怪的语言学巧合，这就像手机虽是电话却可以用来"拍照片"，买来的烤菜豆包装虽是"锡纸盘"，但其实是铝做的。

附近的农民发现这种他们称之为"wadt"的材料很有用，可以拿来给自家的羊做记号，很快他们又发现 wadt 还有其他用途。用线把石墨条缠好，就不会弄脏手。截至16世纪60年代末，铅笔传遍了整个欧洲。1565年，瑞士自然学家康拉德·格斯纳（Conrad Gesner）出了一本关于化石的书——《关于化石、宝石、石头、金属等一切物质的相关书籍，多数为首次出版》

1　坎伯兰：12世纪至1974年存在于英格兰西北部的一个郡，目前为坎布里亚郡的一部分，但坎伯兰作为文化地理名词仍然继续使用。

（*De omni rerum fossilium genere*，*gemmis*，*lapidibus metallis*，*et huiusmedilibri aliquet*，*plerique nunc primum editi*）。书中有一段对铅笔的描述：

> 下图所示的尖头笔用于书写，由铅（也有人称之为英格兰锑）制成，把一段铅削尖，嵌于木杆中。

格斯纳说的这种铅笔并非我们今天常用的那种。我们所用的铅笔里的笔芯并不是铅，而格斯纳说的铅笔则在木杆中嵌入了铅。2006 年，德国造笔厂克里奥·思克力朋（Cleo Skribent）也曾推出一款这样的笔，它更像是铅笔套或铅笔杆。画家画素描时，常用铅笔套套住石墨、粉笔或是木炭。铅笔套一般由黄铜制成，呈管状，两端都有切口。用的时候，粉笔或石墨分别插在两端，用金属环固定。17—18 世纪，这种铅笔套越来越流行，直到现在，有些画家仍然在用这种铅笔套。M.C.埃舍尔（M. C. Escher）[1] 于 1948 年创作的拼版印刷画作品《手画手》（*Drawing Hands*）中，有两只正在画对方的手，这两只手里的笔用的就是铅笔套。铅笔套可用来套各种绘画材料（粉笔、炭笔、石墨条）。而铅笔杆，用途正如其名，只用来套铅芯。杆身由木头或金属材料制成，把黑铅一端削尖，另一端套进锥形金属杆，再用螺纹固定好。绘图员偏爱铅笔杆，用它画出来的线更精准。铅笔杆慢慢

---

1 全名莫里茨·科内利斯·埃舍尔（1898—1972），荷兰版画家。

演变，最终成了自动铅笔。

　　现代铅笔究竟源自何处，人们对此各执一词。16世纪末，凯西克附近的工匠最先用木头包裹石墨条（不过也有人说，首先这么做的是差不多同时期的意大利人）。当地的石墨出口受到限制，于是凯西克很快就成了世界铅笔制造中心。博罗代尔也是世界上唯一一处为人熟知的优质纯石墨产地，因此，坎伯兰的石墨迅速增值，当地人严密看守，甚至会偶尔用水淹掉矿床，防止有人来偷。石墨越来越贵重，后来，石墨运去伦敦进行巨额拍卖时，由武装部队护送。买家基本都是凯西克的铅笔制造商，拍卖会后，再由武装部队护送运回北方制作铅笔。在凯西克，人们把石墨块切割成细条，在方木杆中心挖出凹槽，然后将细石墨条放进木杆凹槽中，冒出木杆的石墨条用刀切除，保证石墨条与木杆平齐。最后，在木杆两端粘上薄木片，裹住石墨条两端。

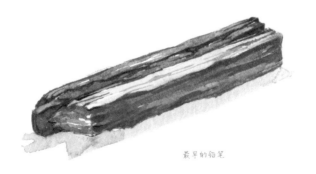

最早的铅笔

　　作为中世纪的世界贸易中心，德国纽伦堡（Nuremberg）的发展与采矿业密不可分，大量商人开始在中欧各地采购矿藏。纽伦堡的工人来到博罗代尔开采石墨，引起德国商人的关注。他们开始用纽伦堡当地出产的次等石墨混合硫黄和其他材料制作铅笔。不过，这些铅笔质量不好，比不上用凯西克地区的纯石墨制成的铅笔。

1793 年，英国向法国宣战，两国经济交往中断，法国买不到英国凯西克地区生产的铅笔，甚至连德国产的质量较次的铅笔也买不到。于是，法国军政部长拉扎尔·卡诺命尼古拉 - 雅克·孔特（Nicolas-Jacques Conté）研发出一款无须使用进口材料的铅笔。孔特原本是一名肖像画画家，法国大革命之后，他的兴趣转向科学。据说，孔特"科学头脑过人，艺术技能高超"。虽然法国产的石墨不如博罗代尔的纯度高，但孔特很了解这种物质，很快就想出了制作铅笔芯的办法。将石墨粉末与黏土混合，做成细条，然后放进窑中烧制。虽然这样制作出来的石墨芯没有纯石墨芯坚硬，但比德国的笔芯好。1795 年，孔特为这一制芯方法申请了专利。直到现在，我们用的仍然是这种制法。

有了孔特的方法后，虽然凯西克依然生产着世界上最好的铅笔，但是各国都不需要再依赖博罗代尔的矿藏了。早前，铅笔一直由手工作坊生产，到了 1832 年，班克斯父子公司（Banks，Son & Co.）建立了第一家铅笔工厂。几经辗转，1916 年，这家铅笔工厂成了坎伯兰铅笔公司（Cumberland Pencil Company），4 年后，又被英国笔具有限公司（British Pens Ltd）收购，在凯西克建了一家新厂，开始生产德温特牌（Derwent）铅笔。2008 年，该厂又迁至沃金顿（Workington）附近。

凯西克的旧铅笔厂旁边就是坎伯兰铅笔博物馆（Cumberland Pencil Museum）。只需花费 4.25 英镑，就能进入这个小巧迷人的博物馆，每个参观者都能领到一本手册，免费得到一支铅笔。这家博物馆曾出现在本·维特利（Ben Wheatley）2012 年导演的电影《观光》（*Sightseeing*）中。馆内陈设着各式各样的展品，介绍当地铅笔生产的历史。这里还有一支世界上最长的彩色铅笔，长达 7.91 米，2001 年 5 月载入《吉尼斯世界纪录》（"这是一支真正的铅笔，如果在黄色笔芯前放一张纸，可以写出黄色的笔迹"）。这支笔重达 446.36 千克，28 个人才把它抬进博物馆，如今悬挂在博物馆的天花板上。

　　有了孔特的方法，制作铅笔不再完全依赖纯石墨。由于纽伦堡曾经生产过铅笔，18 世纪，它开始与凯西克竞争"世界铅笔制造中心"这个称号。纽伦堡有两家驰名世界的铅笔公司，分别是施德楼（Staedtler）和辉柏嘉（Faber-Castell），两家都觉得自己比对方的历史悠久，争执不下。17 世纪 60 年代，纽伦堡有三大工匠家族开始用手工制造铅笔——杰尼格斯（Jenigs）、嘉格斯（Jägers）以及施德楼。实际上，弗里德里希·施德楼（Friedrich Staedtler）是公认的首位"铅笔制造者"，而这一窃取来的荣誉本该属于博罗代尔第一批生产铅笔的人。不过，只有施德楼家族连续几代人都在做铅笔。纽伦堡的商业行会管控严格，只有个别生产商有资格在纽伦堡成立铅笔公司。因此，直到 1835 年规定有所放松时，约翰·塞巴斯蒂安·施德楼（John Sebastian Staedtler）才得以注册 J.S. 施德楼公司。

纽伦堡近郊一座叫斯坦因（Stein）的小镇。1761 年，镇上一位名叫卡斯帕·费伯（Kaspar Faber）的家具木工开始制造铅笔。费伯原本打算在纽伦堡建厂，可是纽伦堡的规定太过严苛，他只好移到其他地方。因此，虽然施德楼比辉柏嘉早成立近 75 年，但双方都宣称自己才是最早的铅笔公司，僵持不下。直到 20 世纪 90 年代，法官最终判定辉柏嘉是纽伦堡最早的铅笔公司。因此，2010 年，施德楼庆祝成立 175 周年时，辉柏嘉在筹备 250 周年庆。可实际上，弗里德里希·施德楼早就开始生产铅笔了，比卡斯帕·费伯早了近 100 年。我不知道比谁更早有何意义，不过我猜很多人觉得施德楼的信誉不够，觉得它不过才成立了175 年。

利用孔特的方法，欧洲各铅笔公司用黏土混合石墨粉制造的铅笔可与凯西克的精制铅笔相媲美。借助新方法，厂家可以生产出不同硬度的铅笔。通过调整黏土和石墨粉的比例，生产出的笔芯软硬不同（黏土比例越高，笔芯越硬）。一开始，孔特用数字来标记铅笔硬度（数字越大，硬度越高）。据传，我们如今用"H"和"B"来标记硬度的方法是伦敦的布鲁克曼铅笔公司（Brookman）发明的（H 代表硬度高的铅笔，B 代表更黑、硬度低的铅笔）。布鲁克曼铅笔公司的铅笔硬度越高，笔身上的 H 字母就越多。不过，随着造笔技术越来越成熟，笔的硬度区分越来越细，结合数字和"H""B"标识似乎更方便（标着 8H 和 9H 的铅笔肯定比标着"HHHHHHHH"和"HHHHHHHHH"的笔好辨认。要是你去当地的莱曼文具店买铅笔，肯定更容易买到 9H 的铅笔）。最常用的铅笔处于 H 和 B 的中间地带——HB 铅笔，平等与和谐的象征。仅从这个层面论，我们都该向 HB 铅笔看齐。

19 世纪 40 年代，美国作家亨利·大卫·梭罗（Henry David Thoreau）也曾采用类似的标记方法。世人大多只知道梭罗是位作家、自然学家，忽视了他为铅笔制造做出的贡献。梭罗的父亲在马萨诸塞州康科德（Concord）市有家铅笔公司，梭罗曾在那里工作了很长一段时间。在他去之前，公司的名声就很不错，他去了之后，公司更上一层楼。不知道梭罗是借鉴了孔特的方法还是完全自创，他去公司工作后，生产出了 4 种硬度的铅笔（这种硬度划分方法至今仍是美国铅笔硬度划分的主要方法，2 号铅笔与 HB 铅笔的硬度大致相当）。1823 年，约翰·梭罗与他的姻亲查尔斯·邓巴（Charles Dunbar）合伙。1821 年，邓巴发现了新英格兰的一块石墨矿床，不过他的租期只有 7 年，于是他决定尽快多开采一些石墨。

不过，第一位制造木铅笔的美国人不是邓巴。康拉德的家具木工威廉·门罗（William Munroe）从 1812 年就已经开始生产铅笔。英美战争期间，门罗试图靠售卖家具维持生计，但是家具难卖，而铅笔却供不应求，于是门罗心想"要是我只卖铅笔，应该不会面临太大的竞争，还能有所作为"。不过，门罗并未学过相关的科学知识，用了近 10 年时间才生产出像样的铅笔。

门罗的合伙人埃比尼泽·伍德（Ebenezer Wood）在康科德的纳莎巴布鲁克（Nashoaba Brook）建了一家铅笔厂，厂内的机械设备由伍德发明，用于提高生产效率。有一台"楔形胶水按压设备"，可同时固定 12 支涂好胶水的铅笔；一台圆锯，可同时在

6 支铅笔上挖出凹槽；一把锯子，可将笔杆锯成六棱柱或八棱柱；还有一台机器，可将石墨块研磨成粉。门罗先于梭罗进入铅笔市场。但到了 19 世纪 30 年代，门罗与梭罗陷入激烈的竞争，而且梭罗铅笔的质量更高。为了击溃梭罗，门罗劝伍德拒绝为梭罗研磨石墨。可惜，门罗偷鸡不成蚀把米：伍德从梭罗那里赚的钱比从门罗那里赚的钱多，于是停止了跟门罗的合作。

铅笔生产领域的竞争激烈。关于"到底谁有资格自称为纽伦堡最早的铅笔生产商"这个问题，人们一直争论不休。与之类似，有一大堆人前来认领最早在美国建立铅笔厂的人。1827 年，发明家约瑟夫·狄克逊（Joseph Dixon）在塞勒姆（Salem）建立了石墨加工厂，从 1829 年开始，工厂就开始小规模地生产铅笔。真正在美国建立第一家专门生产铅笔的工厂的人似乎是卡斯帕·费伯的曾孙。1849 年，埃伯哈德·费伯（Eberhard Faber）代表身为厂主的父亲 A. W. 费伯去往美国，为纽伦堡的家族企业寻找用来生产铅笔杆的优质雪松木。渐渐地，埃伯哈德发现，制作铅笔所需的优质原料美国都有，于是，1861 年，埃伯哈德在曼哈顿建立了他的第一家铅笔厂。

费伯最大的竞争对手出生于 1799 年。约瑟夫·狄克逊颇有创业头脑，善用"灵光乍现带来的机遇"，听起来像是《飞黄腾达》（The Apprentice）里一位成功在望的人物。让费伯可以略微松口气的是，很长一段时间里，迪克逊的灵感都跟铅笔无关。他开了一家铸造厂，用当地的石墨生产各种各样的产品，比如抛光蜡、润滑剂和涂料。这家"约瑟夫·狄克逊熔炉厂"正如其名，早先只出产制作铅笔常用的抗高温的石墨熔炉。后来，狄克逊的目光逐渐转向铅笔。1829 年他开始尝试生产铅笔，可惜质量不佳，不出一年就以失败告终。不过，他生产的那些用于制钢炼铁的石墨熔炉很畅销，比他的铅笔成功得多。不管怎样，他跟孔特和门罗一样，都发了战争财（战争有什么好处？绝对没有好处——除了能完善铅笔生产方式）。

美国内战期间，军方需要大量既便宜又好写的铅笔，以便在战场上快速传递信息。狄克逊有生产铅笔的经验，很快就开发出批量生产质量稳定的铅笔的办法，每支铅笔上都印有熔炉商标。到了 1872 年，狄克逊铅笔公司的铅笔日产量高达 8.6 万支，成为世界上最大的石墨消费商。1873 年，狄克逊收购了位于纽约提康德罗加镇（Ticonderoga）的美国石墨公司——这座城镇的名字便是后来狄克逊最经典的铅笔品牌名。狄克逊 - 提康德罗加铅笔发行于 1913 年，这不是第一支笔身呈黄色的铅笔，但绝对是最有名的黄色铅笔。此前，用过各种颜色的铅笔杆，可能是因为最贴合石墨的特征，多数批量生产的铅笔均采用黑色的笔身。直到 1889 年，在巴黎世界博览会上，捷克的铅笔公司哈德米斯（Hardtmuth）打破了这一传统，推出了科伊诺尔 -1500（Koh-I-Noor 1500）铅笔。

1790 年，约瑟夫·哈德米斯（Joseph Hardtmuth）在维也纳成立了一家陶器加工厂。成立不到 10 年，这家工厂就开始按照孔特的方法用混合的石墨和黏土生产铅笔。受科伊诺尔（Koh-I-Noor）黄色钻石的启发，哈德米斯推出 7 种硬度的科伊诺尔 -1500 铅笔，此举空前。一时间，黄色成为高品质的象征，美国各铅笔公司纷纷效仿，把黄色变成了自己的默认色。跟大家一样，狄克逊也希望利用这颜色与品质的关联大赚一笔。

约瑟夫·狄克逊熔炉公司应时而动，推出2号硬度的黄色狄克逊-提康德罗加铅笔，这款铅笔至今仍是美国最著名的2号铅笔。黄色笔身、绿色金属包箍（用来固定橡皮头的金属套管）的铅笔被大量生产，热卖畅销，最终连公司的名字都改成了狄克逊-提康德罗加公司。

不过，狄克逊-提康德罗加公司不仅生产铅笔，它还"鼓励人们保留那些有意无意的思考、事实、念头或梦想，而借助铅笔，人们脑中的想法都可以进一步落到纸上"。狄克逊-提康德罗加公司称自家的产品物美价廉，是"世界上最好的铅笔"。这款铅笔的身影迅速出现在美国的各个办公室和教室中。虽然广受追捧，但是这款铅笔也有其阴暗的一面。很显然，乔治·卢卡斯（George Lucas）第一次写《星球大战前传1：幽灵的威胁》（下文简称《星球大战》）的剧本草稿时，用的是狄克逊-提康德罗加铅笔，也就是说，加·加·宾克斯（Jar Jar Binks）[1]这个形象至少有一部分是用这支笔设计出

---

1 加·加·宾克斯：《星球大战》的剧中人物。他笨拙而善良，曾遭同胞驱逐。因此，他一生都在努力证明自己的价值，却被掌权者利用。

来的。

　　爱用狄克逊-提康德罗加铅笔的名人不只卢卡斯，罗尔德·达尔（Roald Dahl）[1]也爱用它，他每天早上都要削6支铅笔，然后再开始一天的写作。达尔从1946年开始用这款铅笔，因为战后英国的铅笔质量不佳，他心生不快，觉得像是"用炭笔在砾石上写字"。作家对铅笔的质量十分敏感，这一点不难理解：他们写文稿时那么依赖铅笔。约翰·斯坦贝克（John Steinbeck）[2]曾写道："我整天都在用铅笔写字，右手中指磨出了厚厚的老茧。我每天要手握铅笔6个小时，你可能觉得匪夷所思，但我所言非虚。我的手受制于铅笔，而我又听命于手的摆布。"

　　作家用钢笔或打字机写作时，不容有错，而用铅笔的话但错无妨。有了文字处理软件，我们只要按个键就能删掉一整段文字。可在那之前，擦掉错的段落重写比从头开始重写要好得多。"我每次写初稿时都用铅笔，"诺贝尔文学奖得主托尼·莫里森（Tony Morrison）1993年在《巴黎评论》的采访中表示，"我喜欢用黄色的法用拍纸簿，再加上一支好用的2号铅笔"。

　　在1989年出版的小说《黑暗的另一半》（*The Dark Half*）中，斯蒂芬·金（Stephen King）对铅笔的力量直言不讳，认为它能影响作家的创造力。在这本书中，作家泰德·波蒙特（Thad Beaumont）用乔治·斯塔克（George Stark）这个笔名写了几本

1　罗尔德·达尔：英国家喻户晓的儿童文学作家。
2　约翰·斯坦贝克：20世纪美国最有影响力的作家之一，代表作为《愤怒的葡萄》。

小说。波蒙特喜欢用打字机写小说，而斯塔克喜欢用铅笔。当波蒙特试图杀死他的第二自我（即斯塔克）以专心写作时，铅笔变成了一种图腾，象征着两个作家之间的不同。他们相互厮杀，争夺肉身。后来，斯塔克占据肉身，铅笔成为他的武器。从头到尾，斯塔克用的都是贝洛黑美人（Berol Black Beauty）铅笔。斯塔克最爱的黑美人铅笔最早出自布莱斯德尔铅笔公司，后来经收购兼并，归入贝洛铅笔系列。如今，斯塔克爱用的黑美人铅笔已经停产——与之最相似的只有缤乐美的米拉多黑武士系列铅笔（Mirado Black Warrior），号称"世界上写字最顺滑的铅笔——绝对保证"。

铅笔看似人畜无害、寿命不长。我们从儿时起就开始用它，然后才用到钢笔，但不论是真实的残酷故事还是虚构的都市传奇，铅笔又带着几分惊悚的色彩。常有故事讲述心神错乱的学生在考试时压力过大，用铅笔自杀。还有泰德·波蒙特最终战胜第二自我的故事、希斯·莱杰（Heath Ledger）在《黑暗骑士》（The Dark Knight）中扮演的小丑表演"魔术"让一支铅笔凭空消失，等等。铅笔具有某些适合用作武器的特性：木质笔身闪烁着金属光泽的尖锐笔尖，看上去像一支迷你的矛。即使不用来伤人肉体，也能作为精神困境的象征。在电视剧《黑爵士四世》（Blackadder Goes Forth）里，爱德蒙·布拉凯德（Edmund Blackadder）为表明自己精神失常，鼻孔里戳着两支铅笔，脑袋上顶着条内裤；而在美剧《双峰》（Twin Peaks）里，詹姆斯听说劳拉被杀害，用拇指折断了一支狄克逊 - 提康德罗加铅笔（是加了特效，还是演员詹姆斯·马歇尔的拇指神力过人？我试了一下，那样根本折不断铅笔）。或许是因为铅笔留下的痕迹能够轻易擦除，人们便将铅笔与危险、疯狂联系在一起。作为一种书写工具，铅笔从来不用为自己的行为负责，可以冲动行事。不管你是不是真的做过什么坏事，用铅笔都能在你的日记里添油加醋，而后又可以全身而退。

当然了，多数情况下，一个角色或第二自我并不会杀死作者、占其肉体。这种事几乎不会发生。不过，铅笔可以赋予虚拟人物以生命，也可以夺取他们的生命。约翰·斯坦贝克在给朋友的一封信中这样写道："如果我让书中的人陷于困境，等待着我的救援，那我就是在戏弄他们。如果他们欺负我，任意妄为，我就用铅笔制服他们，我不动铅笔，他们就动不了。"万幸，斯坦贝克提起了笔。其实，在斯坦贝克的创作生涯中，为了找到一支"完美的铅笔"，他试过很多品牌的铅笔。他也承认，这样的铅笔太难找了：

> 我一直在寻找"完美的铅笔"，已经好多年了。我也找到过不少很好用的铅笔，但没有一支是完美的。一直以来，问题不在于铅笔，而在于我。有的铅笔连用几天都没问题，但某一天就突然不行了。就拿昨天来说，我用了一支很特别的铅笔，笔芯软而精致，书写顺滑，十分称心。所以，今天早上我用的还是那个牌子的铅笔。可是，它又让我崩溃了。笔尖断了，烦恼顿时涌上心头。

斯坦贝克每次找到心仪的铅笔，就会一次性买几十支。他用过布莱斯德尔计算器牌（Blaisdell Calculator）的铅笔，也用过埃伯哈德-费伯-蒙古人480（Eberhard Faber Mongol 480）铅笔（墨非常黑，笔尖不易断），不过他最爱黑翼（Blackwing）602铅笔：

> 我找到了一款新铅笔——目前为止最好用的笔。当然，它比普通的铅笔贵3倍，可它的笔芯又黑又软还不容易断。我想我会一直用这款铅笔。这款铅笔叫黑翼，写字时果真如同在纸上滑翔一般。

黑翼602铅笔由埃伯哈德·费伯于1934年推出。这款铅笔的笔芯之所以非常柔软，是因为石墨和黏土混合物中添加了蜡，那样写起字来"用力减半，速度加倍"——笔身上的标语就是这么写的。这款铅笔的金属包箍也比较特别，包的是扁方形的橡皮。普通铅笔上的金属包箍是圆柱形套管，固定在铅笔一端，一旦橡皮用完，就不能更换新的；而黑翼铅笔不一样，扁方形的金属包箍是一个金属夹，方形的橡皮用完了之后可以换新的。

黑翼铅笔不仅是斯坦贝克的最爱，与弗兰克·辛纳特拉（Frank Sinatra）合作的著名编曲人纳尔逊·里德尔（Nelson Riddle）也钟情于黑翼铅笔，昆西·琼斯

（Quincy Jones）[1] 工作时随身携带黑翼铅笔，弗拉基米尔·纳博科夫（Vladimir Nabokov）在他最后一本小说《瞧这些小丑》（*Look at the Harlequins*）中也提到了这支铅笔（你轻柔地转动着一支黑翼铅笔，我爱抚着它的各个侧面），漫画家查克·琼斯（Chuck Jones）将其作品描述为"黑翼铅笔的绘画作品"。黑翼铅笔虽受众星追捧，但还是在 1998 年停产了。1994 年，埃伯哈德·费伯的工厂被桑福德（Sanford）收购，同一时期，生产黑翼铅笔特用的那种笔芯及金属包箍的机器出了故障。公司还有大量金属包箍存货，可桑福德决定不再对机器进行维修。4 年后，金属包箍用完了，黑翼铅笔也就彻底停产了。桑福德之所以不修好机器，是因为 20 世纪 90 年代中期，公司每年的黑翼铅笔需求量只有 1000 支——数量太少，一小时就能生产出来了。而且，黑翼铅笔的价格颇高（是其他铅笔的两三倍），虽然对追捧它的名人来说不是问题，但还是严重降低了其市场吸引力——更何况，当时，大量像史泰博（Staples）、欧迪办公（Office Depot）这样的文具店取代了独立文具经销商。为了吸引顾客，它们大幅降低了文具的价格。

1998 年停产后，埃伯哈德·费伯的黑翼 602 铅笔成了传奇。《波士顿环球报》《沙龙》《纽约报》都刊登了赞美黑翼铅笔的文章，作家肖恩·马隆（Sean Malone）去世前的 3 年一直在整理黑翼602 的历史故事，更新博客"黑翼记录"。2005 年，距黑翼停产已

1　以上 3 人皆为 20 世纪美国著名音乐人。

有 7 年，美国作曲家约瑟夫·桑德海姆（Joseph Sondheim）向采访者透露，他在黑翼铅笔停产前囤积了好几箱，一直没用完。桑德海姆说："偶尔还会有人来信，问我：'你知道在哪儿能买到黑翼铅笔吗？'"易贝网上的黑翼 602 铅笔已经卖到了 30—40 美元一支，但人们买它不是为了收藏，而是为了使用。

2010 年，加利福尼亚雪松制品公司的查尔斯·贝罗尔兹海默（Charles Berolzheimer）看到了黑翼的知名度。他了解到该商标刚刚过期，于是推出了帕洛米诺黑翼铅笔（Palomino Blackwing）——向埃伯哈德·费伯原创的黑翼铅笔致敬。外界很看好帕洛米诺黑翼铅笔，它的笔芯也很柔软，金属包箍亦呈扁方形，橡皮头同样可以替换。不过，还是有些原版黑翼铅笔的忠实拥趸者提出不满，认为新的黑翼铅笔连"用力减半，速度加倍"这句经典标语都没有。次年，帕洛米诺黑翼 602 铅笔上市，跟原来的黑翼 602 更为相似，笔杆也印上了那句标语。

尽管如此，也不是人人都对这一黑翼铅笔的续篇满怀热情。其中，最直接地批判帕洛米诺黑翼铅笔的人是肖恩·马隆，他也是"黑翼记录"博客的博主。马隆觉得，加利福尼亚雪松制品公司就像当年擅用查特文、海明威和鼹鼠皮笔记本故事的 Modo & Modo 出版公司一样，试图混淆视听，让人们以为他们的黑翼铅笔跟埃伯哈德·费伯的黑翼铅笔有关系。帕洛米诺网站将查克·琼斯、约翰·斯坦贝克、伦纳德·伯恩斯坦（Leonard Bernstein）列为黑翼铅笔爱好者，还声称黑翼铅笔"在很多人眼中都是世界上最好用的书写工具"。对加利福尼亚雪松制品公司的这些营销广告，马隆写了好几篇博客猛烈抨击，称其手段狡猾，"用那些名人打广告卖铅笔，十分荒唐，罔顾事实，扭曲黑翼602铅笔的真实历史"。这个教训很明确：千万别招惹铅笔控。

说来讽刺，易贝网上的埃伯哈德·费伯的原版黑翼602铅笔越来越稀有，价格也越来越高，爱好者花了很多钱把它买回家，可是他们一旦开始使用这些笔，就开始夺去他们心爱之物的生命。卷笔刀每转一下，铅笔的寿命就流逝一分。在《黑爵士》（*Blackadder*）第二季中，爱德蒙对伊丽莎白一世说："夫人，没有了你，生命于我而言就像断了的铅笔那样，毫无用处。"有了卷笔刀，铅笔的生命才有了用处；可是，也正是因为卷笔刀，铅笔的生命才变得越来越短。我知道婚姻也是如此。

起初，就像用刀削羽毛笔的笔尖一样，人们是用刀来削铅笔的。不过，到了19世纪，人们开始生产专门的卷笔刀。1828年，法国利摩日地区的伯纳德·拉斯蒙（Bernard Lassimone）发明的卷笔刀获得专利。1837年，伦敦的罗伯特·库珀（Robert Cooper）和乔治·埃克斯坦（George Eckstein）开始售卖Styloxynon。这个产品"整齐坚固的双刀片成90度交叉嵌在小红木块中"，能把铅笔削得"像针一样尖"。19世纪中期，短柄卷笔刀使用得更广泛。比如1855年缅因州的华特·福斯特生产出来的那种卷笔刀。从此以后，卷笔刀的造型就没怎么变过。

作家十分关注铅笔，自然也关心怎样削铅笔最方便。看一个作家用了多少铅笔，就能大致推算他写了多少字，这比数页数好得多。海明威觉得"如果哪天用完了7支2号铅笔，那说明这天的产出不错"。他在巴黎时，随身携带笔记本、两支铅笔，还有一个卷笔刀（"折叠式小刀不划算"）。在他《流动的盛宴》（*A Moveable Feast*）一书中，有这样的描述：他坐在咖啡馆里，削着铅笔，"卷笔刀刨出成卷的刨花，落进饮料杯下面的托碟中"。我们很多人都很熟悉海明威用的那种简款卷笔刀。一手握住铅笔插进去，一手转动卷笔刀，刀片一点点削去木头，如同削苹果皮一般。不过，到了 19 世纪后半叶，人们开始用体积较大的自动刨笔机。这种刨笔机一般被固定在墙面或桌面上，铅笔从凹槽中插进去由卡齿固定住，摇动把手就可以转动内部的滚刀，削出来的刨花十分细碎，笔头木纹平整，笔尖尖锐。这种刨笔机就是尼科尔森·贝克（Nicholson Baker）在《巴黎评论》上热情介绍的那款：

上学的时候，最棒的文具就是刨笔机。一个小小的镀铬金属发明，完全由你掌控。转起来的时候，它发出隆隆的声响，像是人在清嗓子时发出的声音，我尤其喜欢它的名字——提康德罗加，简直就是个拟声词。毫无疑问，我会把笔削过头，然后铅笔又断掉

自动刨笔机

了，所以我会在那儿站好一会儿，听它发出的声音，提康德罗加……罗加……罗加……

用自动刨笔机削铅笔比手持卷笔刀更快，不过它比不上电动刨笔机。20世纪初，人们创造出了电动刨笔机，最初它只供铅笔厂使用。不过，短短几十年里，电动刨笔机就走进了办公室和家里。与简单的自动刨笔机或手持卷笔刀相比，电动刨笔机的价格很高，目标受众是大量使用铅笔的消费者。约翰·斯坦贝克就很喜欢电动刨笔机：

> *电动刨笔机好像太贵了，不过，没有什么比电动刨笔机对我更有帮助的东西了。我也不知道我具体要用多少支铅笔，每天至少得60支。要是用卷笔刀削这么多铅笔的话，要耗费大量时间，我的手也会累坏的。用电动刨笔机，很快就能把一天要用的铅笔全部削好，之后就不用再削了。*

"当我用正常的握笔方式握着笔，当笔头包橡皮的金属包箍能碰到我的手时，这支笔也就没法再用了。"斯坦贝克写道（废弃的笔头拿给他的孩子用）。铅笔越用越短，这个道理不用人说，不过纽约边缘青年办公室在1998年给附近学校的学生发铅笔时，肯定忘了这一点。他们发的铅笔上印着"不聪明的人才会吸毒（TOO COOL TO DO DRUGS）"，学生们很快就发现，铅笔用短之后，上面的字就变成了"聪明的人才会吸毒（COOL TO DO

DRUGS）"，再短一点就成了"吸毒（DO DRUGS）"。一直没有人注意这一点，直到一个 10 岁的小孩指出这个问题。后来，铅笔公司调整了标语的印刷方向，这才解决问题，铅笔用短之后只剩下"聪明（TOO COOL）"二字。后来，这家公司的发言人说："我们竟然没能早点发现这个问题，当时还挺尴尬的。"

一般而言，铅笔用短了不是什么问题。可能握起来不太舒服，但不会引诱学生去吸毒。一旦铅笔太短，用起来不舒服，大多数人就会换支新的——用短了的那支丢进手机旁边的罐子里，或者扔进抽屉里，跟线头或废电池放一起。不过，其实我们可以延长铅笔的使用寿命。铅笔延长器的种类繁多，但基本上都包括一端开口的柄轴，以便套住铅笔头。用螺旋装置或是金属环固定铅笔位置，铅笔就可以继续使用，直到铅笔头完全用光。不过，过于华丽的铅笔延长器可能会让你看起来像《蝙蝠侠》（*Batman*）里的企鹅人，或是《101 真狗》（*101 Dalmatians*）里的库伊拉·德·维尔（Cruella de Vil）。

铅笔延长器好像把书写工具又打回了远古时期——在木杆铅笔普及之前，人们用的是铅笔套、铅笔杆。那时候，当尖笔头变钝，人们把笔削尖再套回去。17 世纪出现了一种内置弹簧的铅笔套，可以把铅芯往外推，人们把它视为原始的自动铅笔。1822 年，伦敦土木工程师约翰·艾萨克·霍金斯（John Isaac Hawkins）和银匠桑普森·莫丹（Sampson Mordan）设计出一种所谓的自动铅笔并获得了专利。莫丹买断了霍金斯的专利，携手文具商加百列·里德尔（Gabriel Riddle）开始生产"永不变钝的铅笔"。因为不需要自己削铅笔，莫丹生产的铅笔比其他铅笔干净得多，很快就风靡起来。其他公司纷纷效仿推出了各自的自动铅笔，不过多数只是博人眼球而已，写起字来并不实用。

第一支真正意义上替代了传统木质铅笔的活动铅笔，是伊利诺伊州的查尔斯·基兰（Charles Keeran）发明的。他发明的永锋铅笔（Eversharp）于1915年获得了专利，相比同时期其他的铅笔，该产品有了极大的改良。笔管中可以放好多根铅芯，"够写25万字"。1917年，沃尔公司收购了永锋，几年内，铅笔的日产量就达到了3.5万支。永锋活动铅笔的历史常与同时期一个日本品牌出产的活动铅笔混淆，这个品牌由早川德治（Tokuji Hayakawa）创立。早川德治生产的"永尖铅笔（Ever-Ready Sharp Pencil）"最终简化为"尖笔"（Sharp Pencil）。虽然早川的公司后来转行做电子产品，可夏普（Sharp）这个品牌名还是能让人想起他早期的成就。日本的活动铅笔一直领先。2009年，三菱铅笔公司推出的 Uniball Kura Toga 铅笔带有棘齿装置，笔尖每与纸面接触一次，棘齿装置就会转动一次笔尖，确保笔尖不被磨钝。

看到这样的发明，也就不难理解传统的铅笔生产商为什么视活动铅笔为威胁了。不过，施德楼试图将活动铅笔与一部分传统木质铅笔相结合，于是在1901年推出施德楼·诺瑞斯（Staedtler Noris）系列铅笔。这种黄黑条纹交替的活动铅笔，至今仍出现在世界各地的教室中，黄黑色的设计让这款活动铅笔看起来十分特别。既熟悉又陌生，就像又短又宽的宝马小舱（Mini Hatch）或是新式的双层巴士。将现代设计与传统相结合看似不怎么样，不过用黄黑条纹设计铅笔的并不只有施德楼·诺瑞斯一家。有一天，我在看游戏网站，突然发现任天堂公司出了一款黄黑条纹设计的尖笔，说明书背面写着：这是"模仿 HB 铅笔制造的新式尖笔"。这看起来有些诗意。铅笔源自古希腊、古罗马人用来在蜡版上写字的铁笔，而现在人们又开始用这个售价 2.99 英镑的小玩意儿。Suck UK 公司推出的"素描尖笔"更强化了这种联系。这支木制铅笔中隐藏着一个小秘密：笔头的"橡皮"其实是一支内置的尖笔，可以在电子屏上书写。这种导电橡皮完全适用于苹果平板电脑、苹果手机及其他设备。

铅笔，尖笔，平板，现在转了一圈又回来了。

Chapter 5

· 第五章 ·

人非圣贤，
孰能无过

大卫·林奇（David Lynch）执导的电影《橡皮头》（*Eraserhead*）中有这样一个场景：亨利（主角，由倒霉的杰克·南斯扮演）的脑袋突然掉落在地上，一个小男孩捡起他的脑袋跑进了一家工厂。工人拿空心钻从亨利的脑袋里钻取了一块圆柱条，放进机器里。机器轰轰作响，传送带上一排铅笔穿过机器，从亨利脑袋里取出来的圆柱条被切割成小块，固定在铅笔的一头，成为橡皮（"橡皮头"一词由此而来）。最终，机器吐出成品，操作员拿起一支笔，削尖笔尖，在纸上随手画了一道线，然后用橡皮头把线擦掉。测试完之后，他点了点头说："还行吧。"亨利的脑袋制造出了好用的橡皮擦，小男孩也为此得到了一笔钱。不过，据我调查，橡皮擦并非由此而来。

千百年来，真正用来制造橡皮擦的材料有各种各样的名字——生橡胶、三叶胶、黑胶、科伊克凝胶。这些材料取自各种长于热带气候国家的植物汁液，最早用这些材料的是奥梅克人（Olmecs）[1]。3500年前，他们缔造了最早的墨西哥文明。当时，这

---

1 奥梅克人：生活在墨西哥的古印第安人。

些材料主要用来制造质地坚硬的球，用于中美洲一项十分残酷的球类运动，即后来的中美洲蹴球（Ulama）。奥梅克人把卡斯蒂利亚的橡树浆和番薯属植物的汁液混合在一起，制成结实而有弹性的橡胶条（因为这两类植物通常都生长在一处，所以采摘时毫不费力）。这些橡胶条可以盘成球，还可以用来制造防水布或是简单的手工制品。

不过，西方世界对这种材料一无所知。直到15—16世纪，新大陆才开始出现一些关于这种材料特性的报告。18世纪中期，法国科学家夏勒·玛丽·德·拉·孔达明（Charles Marie de la Condamine）和弗朗索瓦·弗雷诺（Francois Fresneau）看到了这种新材料的潜力。1751年，拉·孔达明将他与弗雷诺的研究呈交给巴黎科学院。这是史上第一份研究这一方向的学术论文（1755年出版，名为《弗雷诺于卡宴新发现的弹性树胶水纪事，及法属圭亚那地区各类乳状树胶的使用说明》）。不过，直到18世纪后期，人们才开始用这种弹性树胶做铅笔上的橡皮擦。

首先认识到这一点的貌似是英国文具商爱德华·奈恩（Edward Nairne）。1770年，约瑟夫·普里斯特利（Joseph Priestley）在《思维认知理论与实践通论》（*Familiar Introduction on the Theory and Practice of Perspective*）一书的序言中写道，他已经"发现这种物质是擦除铅笔在纸上所留痕迹的绝妙材料"，并在脚注中注明：

因此，这种材料对制图员而言十分有用。数学用具的生产商奈恩先生就在皇家交易所对面卖这个东西，一小块大约半英寸边长的正方体能卖 3 先令。据奈恩说，一块能用上好几年。

显然，普里斯特利很喜欢这个从奈恩那里买来的东西，用它擦铅笔字又快又好，于是给它起了名字，也就是如今我们熟知的"橡皮"。

在那之前，要擦除铅笔字，人们都用老面包块。实际上在那之后一段时间仍然如此，甚至直到 1846 年，亨利·奥尼尔（Henry O'Neill）在《绘画艺术指南——如何使用铅笔、粉笔和水彩颜料》（*Guide to Pictorial Art—How to Use Black Lead Pencils, Chalk and Watercolours*）中还在告诉读者：

> 用铅笔画阴影时，要用墨质较软的铅笔先浅浅地勾勒出轮廓，然后用橡皮或面包屑擦除画错的地方。

到了 19 世纪，橡皮开始逐渐取代面包屑，成为人们擦除铅笔痕迹的首选工具，身处饥肠辘辘的人群之中的艺术家和制图员们可算松了一口气。

纯天然橡皮遇冷变硬，容易断裂，遇热则会变软变黏。到了 19 世纪三四十年代，美国发明家查尔斯·古德伊尔（Charles Goodyear）想出了一套稳定橡皮擦性能的方法。古德伊尔在橡皮中加入硫黄，并加压蒸煮，这样制出的橡皮擦更加耐用。不过，1844 年，英国的托马斯·汉考克（Thomas Hancock）捷足先登，抢在古德伊尔前面获得了所谓的"硫化（vulcanisation）"（意为"放进火中"，该词源自 Vulcan，是罗马神话中的火神）专利。还没申请专利之前，古德伊尔就把研制出的新产品寄给了英国的各大文具公司，用来展示产品的前景。汉考克研究了古德伊尔的样品，注意到新产品有点泛黄，这是由硫黄引起的。他似乎就是这样用逆向开发的方法找到了硫化法，因此抢先申请了专利。古德伊尔发明了硫化法，却未能获得实质的经济报酬，直至离世都还负债。只有一家轮胎公司以他的名字命名，以示敬意。古德伊尔写道："我并不会因为自己耕种，而别人得到了收获就抱怨。虽然很多人都这么做，但人不应该只以金钱衡量职业的好坏。若一个人种下了种子，结出的果实却无人去收，这才是遗憾。"

硫化后的橡皮擦更加耐用，迅速在文具界占据一席之地，1858年铅笔和橡皮擦合二为一。1858年3月30日，宾夕法尼亚州费城的海门·L.李普曼（Hymen L. Lipman）设计出"铅笔与橡皮擦结合体"，获美国专利。李普曼的设计包括一支"普通的"铅笔，只不过这支铅笔只有3/4是铅笔芯，剩下的1/4是一截橡皮：

> 这种铅笔的制造过程与普通铅笔无异，一端用于书写，另一端是橡皮，十分有用，可擦除线条、数据等，不易弄脏，也不容易遗落在桌上。

1862年，海门·李普曼以10万美元（约合今天的230万美元）左右的价格把专利卖给了约瑟夫·雷肯多费尔（Joseph

Reckendorfer）。后来，雷肯多费尔投入大量资金改进这一专利，推出了自己的产品。可是埃伯哈德·费伯也开始卖同类产品，1875 年，雷肯多费尔把埃伯哈德告上法庭，结果李普曼和雷肯多费尔的专利双双被判无效。李普曼只是将现有的两样物品（铅笔和橡皮擦）拼凑在一起，并未"因此产生原本两者不具备的新功能或新产物"。法庭认为，李普曼的设计就像是用锤子把螺丝刀钉进把手上或者把锄头绑到木柄上。两者结合确实能提供便利，但仅仅如此并不算发明，不够资格申请专利。在专利申请中，李普曼甚至没有声明是自己想出了"将铅笔的一端与橡皮擦合在一起"。在专利申请中，他一再说的是"用的是普通的办法"，这没给他帮上多少忙。

不过，李普曼的专利说明了一个现象，即世界分为两大阵营：一派喜欢铅笔上有橡皮，一派倾向于铅笔和橡皮擦分开使用。在专利申请中，李普曼解释了他为什么倾向于铅笔上戴着橡皮，因为这样不易弄脏，也不容易把橡皮落在桌子上。他的立足点在于"便利"。万一写错了字，你知道橡皮擦就在那儿，掉转笔头就能擦掉错字。我个人一向不喜爱戴着橡皮擦的铅笔。铅笔端的橡皮擦比较硬，没有单块的橡皮擦好用。万一它断了或是用光了，金属包箍就会刮到纸张，一想到这些我就不舒服。

关于铅笔的一端要不要带橡皮擦的争论似乎主要存在于美国和欧洲之间。在美国，铅笔一端套着橡皮擦天经地义；而在欧洲，这样的笔是特例。当然，两大阵营之间也没有那么泾渭分明：埃伯哈德·费伯想尽办法弱化美国、欧洲之分。美国人约瑟夫·雷肯多费尔（Joseph Reckendorfer）声称是自己想出了"将铅笔与橡皮擦结合"的创意，而生于德国的费伯不仅否定了这一说法，还推出了一款叫作"粉珍珠"的单块橡皮擦。这种橡皮擦后来成了美国教室的标配。

"粉珍珠"是埃伯哈德·费伯"珍珠"系列铅笔设计的一部分。它式样简单，呈粉色长菱形。这种橡皮擦在生产时掺入了火山浮岩和油膏，故而呈粉色，质地也较柔软。天然橡皮和人工合成橡皮都可用来制造橡皮擦，橡皮本身只是黏合剂，只占橡皮擦的10%—20%。除橡皮外，还需要植物油和硫黄，即"油膏"。油膏才是橡皮擦起作用的关键。另外，根据不同质地的需要，还会在橡皮擦里加入浮岩或玻璃粉这样粗糙的成分。

1916年，"粉珍珠"橡皮擦上市。同一时期，义务教育法也在美国推行开来。"粉珍珠"橡皮擦既便宜又好用，很快就进入全国各地的教室。英国人可能没怎么听说过这款橡皮，但它在美国可谓家喻户晓。1967年，艺术家维哈·赛尔敏（Vija Celmins）对"粉珍珠"橡皮擦赞誉有加，煞费苦心地用巴沙木雕刻出一系列"粉珍珠"橡皮擦，并上了色，十分逼真。这些雕塑将默默无闻的橡皮变成了一种标志，这正是橡皮应得的。这尊尺寸为65/8英尺×20英尺×31/8英尺的雕塑被安置在艺术馆中。10年后，雅芳用自己的独特方式向"粉珍珠"致敬，推出了一款"粉珍珠"指甲刷（"上学、玩耍、写作业，手指忙碌了一天，需要清除指甲里的污垢！"）。

"粉珍珠"橡皮擦的斜边造型和颜色广为人知。至今，我们仍能在缤乐美文具店里看到类似的橡皮擦（不过，"粉珍珠"这个名字略有改动，先是变成了"埃伯哈德·费伯粉珍珠"，后来改成"桑福德粉珍珠"，最终变成"缤乐美粉珍珠"）。尽管由于公司间的并购，粉珍珠橡皮擦的名字几番变动，但其造型始终如一。现在 Photoshop 软件里"橡皮擦"图标的样子显然是沿用了原版粉珍珠的设计，形状颜色都没改变。现在，从 Etsy 网[1]上可以买到粉珍珠磁石、粉珍珠徽章，还能买到内嵌 USB 记忆卡的粉珍珠橡皮擦。

20 世纪初，合成橡皮、聚合物以及塑料制造工艺逐渐成熟，人们可以制造出不同形状、颜色、气味的橡皮擦。菱形粉珍珠的棱角被磨圆，因为尖锐的棱角在运输途中有可能被折断，圆润的橡皮擦握在手里也舒服些。如果材料结实一些，就可以制出更方正的橡皮，例如干净的白色施德楼 Mars Plastic 橡皮擦（"真正做到无残留，仅有少量废屑"）或是 Rotring B20 橡皮擦（"橡皮擦屑会带走铅笔痕迹和灰尘微粒"）。

各式各样的橡皮擦层出不穷，黄褐色的"阿特冈（Artgum）"方形橡皮擦、米黄色"魔力擦（Magic Rub）"橡皮擦、青绿色"擦擦净（Rub-A-Way）"橡皮擦、蓝灰色"揉捏油灰（Kneadable putty）"橡皮擦、白色的塑料立方体橡皮擦。不过，花样繁多的橡皮擦也能带来一些乐趣。这些新奇的橡皮擦价格便宜、外形美观，看起来也很实用，有很多学生喜欢收藏。它们有的是人物造

1　Etsy 网站：手工艺品销售网站，运营模式类似于易贝网和淘宝。

型，有的是动物，有的是日用品（我妹妹有一块牙刷造型的橡皮擦，有着黄色的手柄，白色的硬短毛），有的是各种水果（还带有相应的水果香味，草莓橡皮擦闻起来像草莓，小鼻浆果闻起来就是小鼻浆果[1]）。有的橡皮擦还冒充别的文具，比如做成了铅笔样子的橡皮擦，有的橡皮擦首尾连接，就像是希腊神话里衔尾蛇的后现代版本。

橡皮擦的造型千奇百怪，不过，传统的长菱形一直保留至今。有的橡皮分成两部分，一半呈白色或粉色，用来擦除铅笔痕迹，另一半呈灰色或蓝色，比较粗糙，用来擦除墨水痕。铅笔留下的痕迹在纸张表面，所以很容易擦掉，但墨水会渗入纸张纤维，很难擦干净。很长一段时间里，消除墨水痕迹的唯一办法就是把纸的表面刮掉。针对不同类型的纸张和墨水，擦掉痕迹时需要采用不同的方法：橡皮擦比较粗糙的一端用于擦除普通纸张上的墨痕；火山浮石可以用来擦掉羊皮纸上的墨痕；甚至还可以用刀片来去掉墨痕。上大学学绘画时，我用的就是刀片。我会用刮胡刀片的尖角小心翼翼地刮去描图纸或绘图纸上的墨痕。偶尔，我的手指会被刀片割伤，那幅画也毁了。但是，如果最糟糕的情况只是因为割破手指毁掉画作带来的不便，那我还算是幸运的。19 世纪末 20 世纪初，橡皮擦看上去更像是外科手术刀，而不像办公用品，它造成的伤害可不仅仅是割伤手这么简单。

1909 年，《纽约时报》有则题为《办公室打闹捅死了人》的

---

1 小鼻浆果：美国电影《查理和巧克力工厂》里虚构出的一种浆果。

橡皮擦

报道，据称，普莱森特大道425号楼里，15岁的乔治·S.米勒（George S. Millitt）告诉同事那天是他的生日。跟他一起工作的女孩开始逗他，说既然是他生日，那她们应该送他一个吻。"所有人都决定，一下班就让女孩吻他，以后每年都如此。"他一笑置之，说女孩们不会靠近他的。

> 到了四点半，一天的工作结束时，女孩们全都向他跑去。她们想把他围在里面，而他则试图突围。突然间，他感到一阵眩晕，倒向地面；倒下去的时候，他说："我被刀捅了！"

看样子，在他试图躲开同事的时候，不小心被自己橡皮上的刀片捅了。米勒供职的大都会人寿保险公司的财务主管助理小约翰·R.赫格曼（John R. Hegeman Jr）跟警察说："米勒的死完全是场令人遗憾的意外。"米勒是赫格曼招进公司的，赫格曼认为"他在公司干得很好，也很受欢迎"。赫格曼说，在米勒口袋里发现的橡皮擦是"公司每位员工都配备的基本文具"。这件事给了我们一个教训：如果上班那天是你生日，千万不要告诉任何同事。想活命就闭嘴。

20世纪，打字机越来越常见，人们需要修改打印错误。要擦掉打印出来的一段字，需要更加坚硬粗糙的橡皮擦。为保精确，橡皮擦做得很像放大版的扁硬币，便于单次擦掉个别字母。橡皮屑掉进打字机会致使机器卡住，所以，圆盘状的橡皮擦上往往附有长刷子。克拉斯·欧登伯格（Claes Oldenburg）[1]创作了《大号打字机专用橡皮擦》（*Typewriter Eraser，Scale*）这一艺术作品来赞美这种橡皮擦，作品现存于华盛顿特区的国家美术馆。

当然，如果没法把错字彻底擦干净，你只能加以掩饰，把它们藏起来或者遮住。贝蒂·内史密斯·格雷厄姆（Bette Nesmith Graham）就是这么做的。贝蒂·麦克默里（Bette McMurry）17岁时离开了学校。尽管她不会打字，但还是申请了去得克萨斯州的一家律所当秘书。她很幸运地得到了这份工作，公司甚至送她去秘书学校进修。1942年，她嫁给沃伦·内史密斯（Warren Nesmith），第二年生下儿子迈克尔。这段婚姻并未持续多久，没几年他们就离婚了，贝蒂得独自抚养迈克尔。不过，她工作努力，1951年成了位于达拉斯的得克萨斯银行与信托公司（Texas Bank & Trust）的总秘书，但她的打字水平依然不怎么样。很长一段时间内，这都不是问题，只要把打错的字擦掉重打就行。可是，后来，公司采用了IBM电力打印机，她发现新机器碳膜色带出墨的方式跟惯用的不同，要是用打字机橡皮擦掉错字，新打上去的字迹会洇开。

不过，贝蒂找到了解决方法。为了多挣点钱支付账单，她圣

1　克拉斯·欧登伯格：瑞典的公共艺术大师，有无数的雕塑、素描、绘画及行为艺术作品。

诞节时主动留在公司加班。在装饰银行窗户的时候，她看到正在刷招牌的艺术家。内史密斯后来写道："艺术家从来不把旧字母擦掉，只会再刷一遍漆，遮住错字。于是我决定用他们的办法。我从瓶子里倒了点水基蛋彩颜料，拿着水彩笔去了办公室，用这个东西涂掉了我打的错字。"过了几天，同事们也来找她借用这个工具，她从中看到了新产品的商机，并称其为"消错液（Mistake out）"。在儿子迈克尔的化学老师和当地一位油漆商的建议下，她花 200 美元请一位化学研究员帮她研发出了含溶剂的配方，比之前的水基颜料干得更快。新配方改名为"液体纸"[1]。贝蒂为此申请了专利。她不仅在朋友和同事间售卖这个产品，还将其推到了外部市场。

她在自家车库里搭了个小型生产线，迈克尔每个月帮她装几百瓶"液体纸"，用的瓶子都是挤压式的番茄酱瓶。1957 年，一篇相关的杂志报道大大刺激了销量，产品月销售量超过了 1000 瓶。虽然产品需求量增加了，但贝蒂并没有辞去银行的工作，直到有一天，她突然被开除了。十分讽刺的是，她被开除是因为打印出了错。有封信需要打印出来给老板签字，信上应该打印银行的名字，可她打成了"液体纸公司"。游戏结束。

丢了银行的工作后，贝蒂全身心投入到了自己的事业中。但成功总是来之不易，更何况迈克尔也不在她身边帮忙了。1965 年，迈克尔看到广告，有部电视剧因角色需要，招收民乐或摇滚乐的

---

1 液体纸：白色快干液，涂盖错字，可以重写。

音乐人或歌手，他去面试了，现在是门基乐队[1]的一员。1968年，她的公司每天生产 1 万瓶液体纸，当年总产量超过 100 万瓶。随后几年，公司的效益更是蒸蒸日上。到了 1975 年，液体纸的年产量达到了 2500 万瓶。4 年后，吉列公司以 4750 万美元的价格收购了贝蒂的公司。直到 2000 年，每卖出一瓶液体纸，贝蒂都能得到一份分成。不过，最后，贝蒂的儿子名声大噪，相比之下，她黯然失色，她的发明和经商能力只不过是酒吧竞猜机里一条冷知识问答的答案罢了。1980年，贝蒂去世，迈克尔继承了 2500 万美元。这笔钱帮他实现了办"流行音乐剪辑（Pop Clips）"节目来播放音乐视频的愿望。这个节目无意中促成了后来的"全球音乐电视台"（MTV），电视的兴起是电台歌手的末日，而后这种趋势还得到了修正液的赞助。

"液体纸"和"立白修正液（Wite-Out）"在美国家喻户晓，迪美斯（Tipp-Ex）修正液则是欧洲的"液体纸"。迪美斯用于改正打印错误，不过它最初并不是修正液。沃尔夫冈·达比什（Wolfgang Dabisch）办的这家公司成立 6 年后，才于 1965 年推出了修正液。最初的修正液是供打字员使用的。达比什提交过不少专利申请，在其中一份申请中，达比什指出，最初的迪美斯是"用来擦去不小心在打印纸上打错的文字"的，产品包括：

1　门基乐队：The Monkees，中国香港译作猴子乐队。他们于 20 世纪 60 年代成立时便为这部叫作 *The Monkees* 的电视剧配了插曲。

相对结实的基纸，覆盖一层别的成分。覆在上面的表层有微孔，总的来说写字不会渗透到基纸上。表层与基纸黏合不紧，打字机按键施压时两者会分开。因此，借助可压缩的表层、结实的基纸，以及打字机按键锋利的外形，就可以起到修改错字的作用了。

这段话实际上是说，这种修正液就是一种覆盖有白色物质的纸。如果打印出错，往回倒一格，将迪美斯贴在纸上，再用打印机按键在上面打字，按键会将迪美斯修正液表层的白色物质打印到纸上，撕掉基纸，就可以返回起点，打印正确的内容了。在这个用 MS Word、Pages 和 Scrivener 软件的时代，上述过程复杂得难以想象，但以前就是如此。

看到液体纸如此成功，达比什也研发了类似的产品。迪美斯修正带已经为他打开了分销渠道，在此基础上，他建立了迪美斯修正液，并推广到了整个欧洲。这时候，贝蒂·内史密斯的产品还没走出她的车库呢。达比什的迪美斯大获成功，不仅在英国成了修正带的代名词，甚至还成了一个动词。我们用"迪美斯"修正错误，就像用"胡佛吸尘器（Hoover）"清理地毯一样。谷歌上这样的句子不胜枚举。

有一天我去佛乐斯文具店（就是我买维洛斯 1377- 旋转文具收纳盒的那家店）闲逛，看到一个奇怪的东西。架子上放着一排排熟悉的迪美斯修正液和其他品牌的修正液，在这些修正液后面，我瞥到一个从未见过的东西。我把手伸到架子后面，拿出两个落满灰尘的瓶子。两瓶都是迪美斯，但跟放在前排的那些截然不同，其中一瓶偏米黄色——是时间太久褪了色，还是一直就是这样呢？我仔细看了看，标签上写着"迪美斯航空邮件涂改液，用于航空信件或轻量纸张（货品代码4600）"。标签的边缘有红色、白色和蓝色相间的菱形，就跟真的航空信信封一样。另一个瓶子是黑色的，这个瓶子的标签上写着"迪美斯复印件涂改液，用于铜版纸和普通纸张，无法溶解墨粉（货品代码4400）"。两个瓶子上都印着一行小字：西德产品。这就表明，早在德国统一之前，它们就在佛乐斯的架子上了，距今已经超过25年了，尽管瓶子里的涂改液早已干涸不能使用了，但我还是买下了它们。

从一开始到现在，修正液都是用小瓶装的。而一开始的修正液瓶盖下面是涂胶刷，就像指甲油那样。这种设计理想吗？这种瓶装设计的缺陷很明显——瓶子可能被打翻，修正液会洒在桌上；瓶口的修正液会变干，堵住瓶口；瓶里的修正液也会凝固，黏稠的涂料成分日久变硬，而轻薄的水基溶剂则与涂料分离，浮于上层；瓶中上半部分的修正液变硬，使与之接触的涂胶刷短毛四面分叉，再拿出来用的时候就不能准确涂掉错字了，还会弄得一团糟。

派通（Pentel）公司很不满意这种设计。这家日本文具公司试图改良这种瓶装设计。于是他们搜集了一堆用完了的修正液空瓶开始研究，很多瓶子里面还有已经干了的修正液，涂胶刷短毛也分叉了；而且有些有泄漏的迹象。看来得采取措施解决了。

1983年，派通公司推出新款的方形小瓶修正液，套在瓶盖里的是弹簧驱动的尖头。新设计抛弃了涂胶刷，使用时须将瓶子倒置，像滴眼药水那样滴出修正液。瓶口尖头和瓶身形状都做了改良，1994 年，他们又推出金属尖头笔状瓶身的设计。谁还会用以前的那种瓶装修正液呢？

随着修正带的出现，修正液又一次面临挑战。1989 年，日本一位橡皮擦制造商发明出修正带。悉德（Seed）公司成立于 2015年，与派通公司一样，他们也对传统的瓶装修正液不甚满意，但悉德的新设计是固体的修正带，有点像达比什最初设计的迪美斯修正带。这款新设计花了悉德公司三四年的时间，直到 1989 年才上市发售。可是，1992 年迪美斯就推出了自己的新产品迪美斯口袋鼠（Pocket Mouse），3 年后又推出迷你版。修正带中的白色感压纸带通过塑料头按压贴合在纸面上，覆盖掉错字。（迪美斯口袋鼠的塑料头采用老鼠造型，造型本身无实际意义。）修正带明显比修正液好用，因为它已经是固体了，可以直接在修正带上写字，修正带也不会像修正液那样洒出来。

修正液的瓶身还需要改进，但已经没有多少改进空间了。迪美斯将涂胶刷改成了泡沫喷头，能够"准确利落地修正错误"。

除了涂掉错误重新打字，要擦除错字还有很多更为科学的办法。20 世纪 30 年代，德国百利金（Pelikan）钢笔公司研发出一种"墨水漂白剂"，旧称是"擦除水"或是听起来更险恶的"墨水之死"。1972 年，产品名改得更有气势却含义模糊，叫"墨之虎"，两年后又改成了"墨之闪电"。

用华特曼钢笔公司出品的"斯隆的消墨灵"（Sloan's Ink

Eradicator）这种需要两部分搭配使用的产品时，你可以在面前的纸上做个小小的科学实验。盒中装着两个小瓶子（分别标着 1 和 2）。使用者可以先用盖子里的涂抹装置把第一瓶溶液涂在纸上，然后开始晃动，直到墨迹变软，再用吸水纸吸走多余的修正液，接着开始涂第二瓶溶液。不过，使用说明指出，"在继续重复涂一遍溶液之前，别急着把多余的修正液吸走"。这个产品还可用于清除白色布料上的"墨渍、咖啡渍或果汁渍"，按照上述操作，然后用清水洗净即可（"注意，彩色布料不可用消墨灵清洁"）。

1977 年，百利金推出"百利金超级海盗"（"Pelikan-Super-Pirat"）双头钢笔，一头是墨水消除剂，另一头是永久性的墨水钢笔，可以用来重写被擦去的字词。用这种消除剂，你只有一次改正错误的机会，因为墨水消除剂不能消除永久性的墨水。墨水消除剂不提供第二次机会，一旦再次犯错便不可原谅。

化工企业巴斯夫股份公司（BASF）通过播客（没错，巴斯夫股份公司也有播客）解释了墨水消除剂的工作原理：

> 我们首先了解一下墨水为什么是蓝色的。墨水中含有扁平的圆盘状颜色微粒，微粒中有许多高速自由移动的电子。光照到电子上，大部分会被电子吸收或"吞噬"，只有蓝色光线会被反射回来。所以我们看到的墨水是"蓝色"的。

墨水消除剂则打乱了"颜色分子"：

现在来说说墨水消除剂。消除剂中含有大量亚硫酸盐，改变了颜色分子的结构。原本扁平的分子变成了金字塔形，无法再自由移动，也没法均匀分布。这样就造成一个结果：它们反射了几乎所有的光。

因此，尽管那些词还留在纸上，但我们再也看不到了。这听起来很不可思议：

听起来不可思议，其实不过是一个化学小常识。

这种墨水消除剂只适用于特定颜色的墨水，也就是世界上大多数钢笔使用的宝蓝色墨水。墨水消除笔的配方不同于墨水消除剂，因此不会受其影响。百利金提供了一个关于消除墨水的重要信息：

人们在选择墨水成分时已经考虑到了所有可能的危险和潜在威胁。因而普通人即使不小心吞食了墨水，也不会受到伤害。尽管如此，我们还是要警告：不要喝墨水，它毕竟不是营养品。

这一点值得牢记：墨水可不是拿来当营养品喝的。
墨水消除剂只适用于宝蓝色墨水的钢笔，那圆珠笔怎么办？

圆珠笔的墨水跟钢笔的墨水不同，用这种消除剂只会弄得一团糟，还会毁掉消除笔的笔尖，因此必须另想办法。

20世纪70年代，当其他公司都在随大溜的时候，缤乐美正忙着研发新型可擦除墨水。经过10年的研究，可擦圆珠笔终于在1979年上市。可擦圆珠笔用的墨水不像一般圆珠笔墨水那样黏稠。由于配方不同，要想不断地流畅出墨，必须施加外部压力。因此，这种笔像费舍尔太空笔那样，可以倒着写字；要是你喜欢躺着写字，还容易[1]拼错词（这里我不是有意双关），这种笔用起来应该很顺手。可擦圆珠笔的消除笔就在笔套上，用起来跟戴着橡皮的铅笔一样（"写起来像水笔，擦起来像铅笔！"）。只是有一点，它出墨不太顺畅，而且擦掉字会产生碎屑。

曾经，铅笔与水笔截然不同，界线分明，而美国三福（Sharpie）公司努力想要模糊这道界线。就像缤乐美的可擦圆珠笔一样，"液体铅笔（2010年上市开售）"也想写起来"如水笔般流畅"，擦起来"如铅笔一般"。液体铅笔"颠覆传统，采用液态石墨"，"铅笔尖再也不会断了"，宣称要"重新定义书写的方式"。这种液体铅笔的特性颇为神秘，连三福公司自己都没完全搞懂它的作用原理。起初，他们宣称液体铅笔与普通铅笔一样，写完就能擦掉；但是若不及时擦掉，笔迹也会像水笔痕迹一样渗入纸张。后来，他们又改了说法，"这种笔不像我们的永久记号笔，你总能擦掉一些痕迹的"。他们觉得有必要更改说辞，说只要你擦

1　原文是prone，有"倾向于"的意思，而另一个意思则是"俯卧"。

得够努力，就算液体铅笔留下的痕迹已渗入纸张，你也能擦掉一些。唯一的限制似乎只在于你的决心。有些墨水对此比较敏感，它们一不小心就会被擦干净了。

百乐魔擦笔（Pilot FriXion）[1] 使用高温消字法。当温度高于65℃时，热敏墨水就会变透明。墨水中含有特殊的"微囊体"颜料，包含三种成分："染色物质""显色剂"和"调色剂"。室温下，"染色物质"与"显色剂"相结合，墨水显现；百乐魔擦笔一端有橡皮头，用它擦墨迹，摩擦导致温度升高，"调色剂"被激活，与"显色剂"结合，墨迹便会奇迹般地消失。

因为用的是热敏墨水，所以产品说明提醒消费者，要让文件远离"暖气片、车厢内部或高温天气，甚至不要反复影印文件"，否则文件上的墨水会消失不见。就连把水笔放在阳光下晾晒都会导致笔内墨水受热，万一出现这种情况，墨水就有可能变成透明色。百乐公司建议消费者将文件（甚至连同水笔）存放在冰箱里，温度低至零下12℃时，热敏墨水就会重新显现。看样子，用百乐魔擦笔写出来的任何内容都在"可见"与"不可见"这两种状态间徘徊，而天气起了决定性因素。出于这个原因，百乐魔擦笔附了一份警告申明：

> 注意：
> 此产品不宜用于签名、法律文件、试卷或其他需要长期

---

1 百乐魔擦笔：Pilot FriXion，是百乐公司出产的中性笔。

保存的文件。

法律文件，如支票、合同、结婚证等，你肯定希望你签了之后只有律师能够改动这些文件，而不是任何人用个吹风机就能改吧。不管是想改正拼写错误，还是仅仅为了精简句子，要擦掉一些字词倒也有不少正当理由。但有些人居心不良，想利用文具捞点好处。

弗兰克·阿巴内尔（Frank Abagnale）可能是 20 世纪最成功的骗子。他伪造了一系列身份（飞行员、医生、律师），在 20 世纪 60 年代初，用假支票捞了上百万美金，最后他被抓捕，坐了 12 年牢。2002 年，他的自传《猫鼠游戏》（*Catch Me If You Can*）被史蒂文·斯皮尔伯格拍成同名电影，莱昂纳多·迪卡普里奥扮演阿巴内尔。阿巴内尔的行骗生活十分刺激，不过，在出狱后，他开始教银行和商业机构如何防止诈骗。如今，他环游世界，到处分享自己在这方面的知识。

在《行骗的艺术》（*The Art of the Steal*）一书中，阿巴内尔详细说明了骗子是如何用文具修改激光打印支票内容的：

> 他们用那种揭下来不会撕破纸张的灰色思高（Scotch）不透明胶带贴在金额数目和收款人上，用指甲刮胶带，使之紧紧地黏在支票上，然后揭掉。金额数目和收款人的姓名、地址就这样被处理掉了。墨水中的调色液黏在思高胶带上，被拽离纸张纤维。若有任何残余，用高分子聚合塑料橡皮擦

就能擦干净。

2006 年，阿巴内尔联手史泰博文具公司，开展"粉碎全美骗术"活动，向人们宣传保护个人信息的方法。按照宣传方的说法，最好的方法就是买个史泰博碎纸机。这让人毫不意外。阿巴内尔还联手笔具制造商 Uni-Ball，研发了 207 中性笔（"世界上唯一不会被化学试剂或溶剂消除笔迹的笔"）。207 中性笔使用的是"特制墨水，含有颜料分子。这种颜料分子能充分被纸张纤维吸收"。也就是说，墨水完全"困"在纸中，无法更改，这样一来，支票和文件就安全多了。

最终，阿巴内尔好像差不多洗清了自己曾用文具犯下的过错。实际上，最初将他引上犯罪之路的就是文具。年少时，他曾在父亲的文具店仓库打工，是不是手边成堆的橡皮擦和成卷的思高胶带给了他犯罪的灵感呢？

Chapter 6

· 第六章 ·

带走我吧，
我属于你

take me, I`m yours

　　有些人认为买文具是件乐事，我也不例外。在一家文具店，你的周围充满着无限可能。借助文具，你可以面目一新，变得更加优秀。买下这套索引卡和那些记号笔，意味着我终于要变成自己向往已久的那种有条有理的人了；买下这本笔记本和这支笔，意味着我终于要动笔写小说了。不过，有时候人们在买了新文具后会有点兴奋过度。莫里西（Morrissey）[1]曾说，逛一间雷曼文具连锁店是"人的一生中可能经历的最佳性体验"（尽管他可能想说的是"人的一生中可能跟莫里西一起经历的最佳性体验"）。但也有人走到了另一个极端。他们从来不买文具，要用笔和纸时到处搜罗一下就能找到，文具对他们而言等于免费素食主义[2]。

　　自从 1973 年阿戈斯[3] 在英国开设第一批门店以来，这家零售连锁店一直与其蓝色的笔密不可分。顾客先用这些蓝笔记下待购商品的产品样本号，然后去收银台排队付钱，接着再去指定的提货点领取商品。大家都很熟悉阿戈斯的蓝笔，但有多少人真正了

1　莫里西：全名 Steven Patrick Morrissey（史蒂文·帕特里克·莫里西），曾多次发表大胆言论的英国著名创作型歌手。
2　免费素食主义：回收利用被当作废品的食物和物品，将其作为生活的必需品。
3　阿戈斯：Argos 音译。英国家喻户晓的百货零售连锁商。

解它呢？我决定去当地的阿戈斯店弄几支笔回来用，就当其他笔一样使用。看一眼就知道，这些笔的设计初衷就是要尽可能便宜。我完全想象得出，这支笔是故意让人握着不舒服的，以免有人把笔偷走。从某种意义上来说，这么做多少显得有些小家子气，但是完全说得过去。这种劝人不要偷笔的办法分寸拿捏得很好，甚至值得点赞。如此巧妙地把笔设计得毫无吸引力，让人们都不想把它偷带回家。这样一来，店家既不失风度，又解决了问题，不然的话他们得为此大为破费。这种做法实际上运用了理查德·H. 泰勒（Richard H. Thaler）和卡斯·R. 桑斯坦（Cass R. Sunstein）[1]提出的"助推"（Nudge）理论。这是一种较为温和的思维控制形式。

当我使用着阿戈斯的蓝笔，为它的廉价而备受煎熬时，我开始好奇：他们每年要生产多少支这种笔？官网信息表明，他们每年要接待 1 亿 3000 万位顾客。肯定用了很多笔，但具体用了多少支呢？为了弄清楚，我给他们发了邮件。几天后，我收到回信，信中说，感谢我的咨询，但因为是"商业敏感"信息，所以"不能告诉公司外部人员"。难道为了弄清楚答案，我还得在阿戈斯找份工作？但愿不要吧，他们的本部远在米尔顿·凯恩斯（Milton Keynes）[2]，上下班可麻烦了。

1　前者为美国经济学家，2017 年的诺贝尔经济学奖获得者。后者为美国法律学者，曾任奥巴马政府的幕僚。
2　米尔顿·凯恩斯：英国英格兰中部的一个城镇，位于白金汉郡，距离伦敦约 80 千米。

很多博彩公司也在用类似的笔，立博（Ladbrokes）的红色笔，独特体育（Tote Sport）的酸橙绿色笔，威廉·希尔（William Hill）的藏青色笔，帕迪·鲍尔（Paddy Power）的墨绿色笔。它们看上去区别不大：细长笔直的笔管长 8.5 厘米，金属笔尖长 5 毫米。如果我能找到给博彩公司供笔的厂家，或许我不用去米尔顿·凯恩斯工作就能弄清阿戈斯每年用多少支笔了。

独特体育博彩公司的笔购自"塔特消耗品公司"（Tate Consumables）。据该公司的官网显示，塔特消耗品公司在过去十多年里是"英国领先的消耗品供应商"。我觉得这家公司还是谦虚了。除了它，我想不出第二家英国消耗品供应商的名字。

尽管塔特最近将文印中心也纳为零售网点，销售范围有所扩展，但塔特的主要销售场所依然是加油站、彩票销售点及各大零售商店。

尽管这些博彩公司和阿戈斯用的笔相似，但是塔特消耗品公司只给独特体育博彩公司供货，阿戈斯或者立博博彩公司的笔来自别的供应商。"如果它们看起来一样，那我觉得它们可能出自同一家工厂。"塔特消耗品公司的一位销售总监解释道。我问他能否告诉我他们的笔来自哪个厂家，可他说："抱歉，我无权接触这层信息。"又是条死胡同。

我仔细观察了阿戈斯、威廉·希尔博彩公司、立博博彩公司、独特体育博彩公司，以及帕迪·鲍尔博彩公司的笔，发现它们有些细微的差别。或许，它们根本就不一样。独特体育博彩公司的笔管偏圆，棱角圆润；而立博博彩公司的笔棱角较为分明；阿戈斯使用的笔棱角比立博的笔更分明，横截面几乎呈正六边形。我收集了一些样本，观察后发现，不仅不同连锁店的笔不一样，甚至同一家连锁店的不同分店的笔也不尽相同。这些博彩公司的笔帮不上什么忙。

第一批阿戈斯店铺开门营业 14 年后，宜家（IKEA）在英国的第一家店落户沃灵顿（Warrington）。从此，这家来自瑞典的家居店给阿戈斯蓝笔带来一位劲敌——宜家铅笔。阿戈斯百货零售店产品的样本架旁只能放下 6 支笔，所以顾客拿不了多少笔，而宜家的铅笔就放在大型的自取机里，几乎是在邀请顾客拿一把铅笔走（他们解释说："我们提供铅笔，是为了方便顾客下订单，我们很乐意继续提供这项服务"）。2004 年，英国《地铁报》（Metro）称，印有宜家标记的短铅笔已经成了最新的"必备"配饰（事实上，应该说是"必偷"，因为宜家每年都有几百万支供顾客填订单的铅笔被偷走）。报纸报道说，有位顾客在宜家的店里一次拿走了 84 支铅笔（免不了还会有"他甚至什么家具都没买"这样的梗）。文章还指出："有人看到，在地中海的游轮上，玩宾果游戏的人用宜家铅笔在牌上做标记；高尔夫球手用宜家铅笔在记分牌上做标记；还有些老师把宜家铅笔送给学生。"

我想知道阿戈斯每年用多少支笔，对宜家，我也有同样的问题。我把宜家的官网翻了个底朝天，找到了宜家 2008 年为庆祝英国首家分店开张 25 周年发布的一份文件。文件中有一页列出了关

宜家铅笔

于宜家的21个事实。第十条如下：

> 去年，宜家英国分店的顾客共用掉了12 317 184支铅笔。

我很欣赏这家瑞典公司的信息公开意识，阿戈斯应该跟他们学学。

为了防止顾客偷笔，阿戈斯采用了"助推"理论，银行和邮局则采用了简单粗暴的老办法：用金属链把笔和柜台连在一起。不过，近几年，就连这些机构也换了新方法来解决偷笔的问题。

2005年，巴克莱银行（Barclays）在5个分行试行新计划。为了显得更加亲民，用铁链连在柜台上的黑笔被取缔，改用"不带铁链的宝蓝色水笔，笔身上印有文字，不仅鼓励顾客使用该笔，如果他们喜欢，还可以带回家"。笔身上印着"银行装饰品""带我走吧，我属于你"以及"我是免费/自由的[1]"。这项新计划是营销总监吉姆·希特纳（Jim Hytner）的主意，他解释说，铁链拴着的笔象征着银行与客户之间的旧关系：基本上，我们不相信你用完笔后会把笔留下，但我们希望你把一辈子的积蓄放心地托付给我们。希特纳希望带领巴克莱银行进入21世纪。巴克莱新闻稿中指出："免费的笔表现出我们的姿态，让客户知道我们很在意他们。"不过，这说的都是2008年金融危机之前的陈年旧事。那时候，银行只要为客户提供免费的笔，似乎就足以让客户信任银行，然后签下一份巨额贷款，再用一辈子的时间还贷。

于某些人而言，银行提供免费的笔很了不得，他们一下子兴奋过头了。新计划试行期间，不到5天，仅布拉德福分行，就有4000支笔被客户带走了。《电讯报》引用了巴克莱银行一位发言人的陈述："我们想到了客户可能会拿走一两支笔，或是拿一把走，但有些人走出银行时胳膊下夹着一整盒笔。我们还会继续把这项新计划推向全国，但我们已经把布拉德福分行的笔盒固定在柜台上了，可能在别的分行也会这么做。"巴克莱银行并未被这件事吓住。2006年，巴克莱1500家分行全部实行了新计划，第一年共用掉1000万支笔，每支笔价值3便士，共耗资30万英镑。

希特纳认为铁链拴着的笔象征银行和客户之间的不平等关系，这个比喻不无道理，但铁链不仅在寓意上有问题，在实际使用中也会造成问题。这一点在大卫·道伯（David Dawber）写给"左

---

1 此处为双关语，原文为 I'm free，free 既可指免费，也可以指自由。

撇子的一切"（Anything Left Handed）网站的邮件中体现得很明确。他去当地邮局寄特快专递，结果那次经历很不愉快。道伯在信中解释道："柜台上用来签字的笔被铁链拴着放在右侧，要用那支笔，我得扭曲自己的身体。于是我用了自己的笔。"柜台后的职员问他为什么不用邮局提供的笔，道伯向她解释说："笔在柜台右侧，这是在歧视左撇子。"后来，邮局主管也掺和进来了，他不同意道伯的说法，认为他在"胡说八道"。道伯反驳说："我没有胡说八道。左撇子用放在右侧的笔写字很别扭。还有，你不应该这么跟你的客户说话。"回家后，道伯致信皇家邮政，抱怨他遭受的待遇，建议"将银行的笔放在便于左撇子使用的位置"。道伯是个为自由而战的勇士，他再次去银行的时候，应该感激希特纳解决了这个问题。希特纳认为，不管是拴上铁链，还是很明确地邀请客户把笔带回家，其实对银行里的笔来说都没什么损失。不过，并不是所有的"邀请"都如此显而易见。

莉莲·艾凯勒·沃森（Lillian Eichler Watson）在1921年出版的《礼仪之书》（*Book of Etiquette*）中解释说："酒店总会在房间放一些信纸，供客人写商务信函或私人信件用，但千万不要把酒店的文具带走。从原则上看，那样做无异于偷走一条浴巾，并不可取。你写信需要多少张纸就用多少张纸，请把剩下的就留在那儿。"

不过，沃森说得对吗？ 1986年，在美国多家报刊登载的"问问安·兰德斯"（Ask Ann Landers）读者来信专栏中，有位爱操心的读者就说自己颇受"拿走酒店文具不道德"这一观点的困扰。这位读者说自己有位朋友（文中称为"Q女士"）常常出去旅行，住的都是昂贵的酒店。"Q女士爱写信，我收到过她的不少来信，用的全是酒店的信纸。要是有人认为我偷了酒店的信纸，我多尴尬啊。怎么会有人这么蠢呢？"信末署名写的是"来自得克萨斯州拉雷多，期待您的解答"。兰德斯回复道：

> 亲爱的：酒店提供文具是为了让顾客使用并且带走。这是一个很好的广告宣传。只有当顾客顺走酒店的毛巾、浴室防滑垫、浴帘、装饰画、枕头、床罩、咖啡壶和电视机时，酒店才会跳脚。

一家旅游网站调查了928位客户，其中有6%的客户承认曾带走酒店的文具（只有2%的客户承认曾带走早餐自助吧台上的迷你瓶装果酱）。这算偷窃吗？发起这项调查的是马修·帕克（Matthew Pack），HolidayExtras网站的总裁。他认为这不算偷窃，"这些东西酒店都有预算，我们把那些印有商标的物品带回家，实际上是帮了酒店的忙"。但印在酒店文具上面的品牌信息一般难以被广泛传播。如果酒店运气好，会有像Q女士这样的人拿酒店信纸给朋友写信。但大多数信纸最终只会被塞在某个抽屉里，再也不会有人使用，只是偶尔拿来写写购物清单，或是打电话时拿来记东西。

不过，有时候，酒店文具也能散布到更多地方。从1987年起，直到10年后离世时，德国艺术家马丁·基彭伯格（Martin Kippenberger）用他周游世界时从酒店里收集来的文具创作了一系列美术作品，即有名的"酒店画作"。这一作品没有明确的主题或风格，只是画了一些原料的来源。"说来有点矛盾，基彭伯格的画风艰涩复杂，变化无常"，罗德·蒙姆（Rod Mengham）在为萨奇美术馆（the Saatchi Gallery）在线杂志撰写的文章中提道，"他的美学观念从早期挥之不去的对'家'的厌恶变化为后期对于'家'的常规理解；他扭转了常规的'对立'，好像他什么都没做，仅仅是一番经历罢了"。最近的一次拍卖中，一幅用铅笔画在印着华盛顿酒店标志的"酒店画作"售价高达 217 250 英镑。"在这幅艺术家的自画像中，他双手背在身后，站在角落里，像个挨训的学生。"

如果酒店确实乐意让我们带走印有其标志的笔，那么这些文具作为广告或宣传工具的效果究竟如何呢？嗯，好像效果确实明显。国际推广产品协会（PPAI）的调查显示，宣传产品在很多方面都优于营销工具，包括"人们对打出广告的酒店印象深刻""由于产品的存留时间较长，顾客会长期反复地接收广告信息""对广告方印象较好，因而愿意与其合作"。英国推广商品协会（BPMA）也发布了类似的报告，调查中，56% 的人表示，如果他们曾收到某公司的宣传产品，他们会对该品牌或公司比较有好感。英国推广商品协会董事史蒂芬·巴科（Stephen Barker）说，研究表明"文具是一种性价比很高的宣传载体，投资回报率高于其他宣传媒介"。

显然，国际推广产品协会和英国推广商品协会都想强调推广产品的好处，所以其调查结果完全在意料之中。不过，这两家机构代表的是全体推广产品厂家，所以他们没理由着意支持某一类型的推广产品。不过，英国推广商品协会的研究结果也明确表明：文具是最有效的推广产品。调查中，40% 的受访者在过去一年中曾收到过推广的水笔或铅笔，其中 70% 的人把笔保留了下来。其他办公文具（计算器、订书机、便笺簿、尺子、削笔刀等）的保存率更高，13% 的受访者曾收过这些推广产品，77% 的人把这些文具保留了下来。文具有用，而人们会保留有用的东西。留下推广用品的人中，70% 的人这么做是因为他们知道以后用得上那些文具。他们每使用一次这些文具，就接收了一次品牌信息。如果这些调查数据准确无误，那么当马修·帕克表示"我们把那些印有商标的文具带回家，实际上是帮了酒店的忙"时，他可没说错。但是，有些情况下，如果你随便拿走文具，就完完全全成了小偷。

晚上下班前，你从文具架上顺走一包便利贴或一本"黑与红"笔记本，即使这算不得什么大事，但也很难说这不是偷窃行为。有项调查显示，2/3 的人承认曾在工作场所偷拿文具，一部分人承认这么做不对，可 27% 的人完全没有负罪感。我在大学学建筑的时候，有位讲师（在此就不指名道姓了）很怀念他当初在诺曼·福斯特（Norman Foster）手下做事时囤积文具的乐趣。他拿了那么多红环笔（Rotring）和自动铅笔，直到 10 年后，他离开福斯特联合建筑设计事务所（Foster Associates）自立门户时，用的仍是从福斯特那里偷拿的文具。

然而，偷窃就是偷窃，一旦被抓就要承担后果。2010 年，格洛斯特（Gloucester）的丽萨·史密斯（Lisa Smith）就尝到了这个教训。因偷窃切尔滕纳姆（Cheltenham）的德兰西（Delancey）医院中的文具，她被罚做200小时的社区服务。史密斯从医院偷了15盒粉笔、8盒打印机墨盒、一包电池、很多棒棒糖棍，还有一些玩具（她甚至挂了一些在易贝网上出售）。虽然从法律角度看，这种行为跟从办公室拿一瓶修正液或一叠信封的性质相同，但总让人觉得比那样糟糕。丽萨，别拿小孩子的玩具或是打印机墨盒，另外，绝对不要从国民医疗保健系统中的医院偷东西。你这就是做错了，而且错得太过分了。

我还是没弄清楚阿戈斯每年消耗多少支笔，我投递的求职申请也毫无音讯（我投了30多个岗位，却没收到任何面试通知）。就在我快放弃的时候，我发现阿戈斯的客服团队开通了一个新的推特账号 @ArgosHelpers。我在推特上给他们发消息，问他们店里每年用多少支笔。对方回复："答案是非常多。"另外还说"我们正在逐步数字化"（在此之前，他们好像曾尝试在个别分店用铅笔代替蓝笔）。这个答案太模糊了，于是我问能不能再具体点。"刚刚算了一下，去年我们购买了1300万支笔。"几乎跟宜家一样，我总算弄清楚了。

· 第七章 ·

如果你在就好了:
肩负使命的古怪文具

不能永远只是工作、工作、工作。

文具几乎常年待在办公室和教室里，但它们和我们一样，偶尔也该享受享受假期。正因如此，我们在海边或是出国度假时，会发现礼品店里满满当当的都是稀奇古怪的文具。要么是一端盖着流苏国旗的大铅笔（你可能会看到一包迷你彩色铅笔，挂在流苏下面，让眼花缭乱的度假者产生一种摇摇晃晃的错觉），要么是当地地标造型的削笔刀，零售商们不会放过任何给文具披上一层文化外衣的机会，借此便可多赚一笔。不过，毫无疑问，不管在世界的哪个角落，机场礼品店里精巧别致的水笔可能全都来自某个偏远国家的工厂。那些工厂对工人权益的态度很有问题。

不难看出，这些文具颇受欢迎。人们出去度假总想买点纪念品，让他们记起往昔的欢乐。但人们也不愿意买毫无用处的东西：廉价的塑料小雕塑或装饰用的盘子。人们不会为了买东西而买东西。买支笔则再完美不过了，在家和办公室里都能用——每次使用时，都能让你想起那次美好的假期。

其实，甚至不用等假期结束，你给好友或家人写明信片时，这支笔就能派上用场。小时候，每次全家出游时，我总会给自己寄一张明信片。这是一种延时的自虐行为，我知道我到家后才能收到明信片，届时假期已经结束。明信片就像一个时间胶囊，自己寄给自己，不过，寄明信片时的我沾沾自喜、惹人嫌弃。我会这么写："我正坐在湖边。写完明信片我可能会去游泳。英国有什么好看的电视节目吗？天气如何？"回家收到明信片后，看着上面的内容，我会妒忌当时仍在度假的"他"，虽然我知道有些事"他"当时并没有做。比如，我知道"他"把太阳镜落在了酒店房间，以致回家时延误了航班。

不过，给自己寄明信片的不只是我一人，从图画明信片诞生之日起，就有人这么做了。1840 年，第一张明信片被寄出，收信人是伦敦富勒姆区的西奥多·胡克骑士（Theodore Hook Esq），寄信人是伦敦富勒姆的西奥多·胡克骑士。明信片上是他手绘的讽刺邮局服务的漫画，人们认为胡克给自己寄这张明信片纯属玩笑（那时候没有网络，人们只能自娱自乐）。这也是仅存的一张贴着无比珍贵的黑便士邮票的明信片。2002 年，这张明信片在拍卖中被明信片收藏家尤金·冈伯格（Eugene Gomberg）以破纪录的高价——31 750 英镑——拍下。我小时候寄给自己的明信片有没有可能卖这么贵？也许能卖到 15 000 英镑？

胡克明信片上的图片是手绘的，随着明信片越来越流行，到 19 世纪末，人们开始在明信片上印刷图案：图案明信片的时代到来了。早期明信片上印的是蚀刻版画和素描，后来变成水彩画和上色照片（彩色照片出现之前，人们在把黑白照片印上明信片之前先人工上色——有位准画家曾想以此谋生，那就是年轻的阿道夫·希特勒。失败后，他开始追求别的爱好）。二战后，上色照

胡克寄出的第一张明信片

片最终被彩色照片取代。

坐火车旅行越来越便利、便宜，更多的人能去海边游玩，当日就能往返，图片明信片是个十分理想的纪念品：一方面，明信片上印着当地的照片或是地标建筑；另一方面，又能给你的朋友或家人寄去讯息。照片里是你看到的优美风景，再写一段话描述你的美好时光。我觉得寄明信片比收明信片有意思多了。

有个方法能使寄明信片变得更有意思，那就是选正面印着荤段子的明信片。20世纪上半叶，"情色明信片之王"这一封号当属唐纳德·麦吉尔（Donald McGill）所有。1941年，乔治·奥威尔（George Orwell）在评论艺术家的散文中这样描述麦吉尔的明信片：

> 文具店的橱窗放着这些"连环漫画"，就是那种花一两个便士就能买到的明信片，正面画着一系列穿紧身泳衣的胖女人，笔触粗简，用色糟糕，大多是篱雀蛋的颜色和邮筒红[1]。

一连几十年，英国的海边到处都能买到这套明信片。

麦吉尔是文具商的儿子，1875年出生在伦敦的一个中产阶级地区。上学时，麦吉尔是个热衷体育的运动员。可在17岁时，他在橄榄球比赛中出了意外，左腿被截肢。幸运的是，除了打橄榄球，麦吉尔还有别的才能：他是个天生的画家。他报了一个函授

---

1 邮筒红：英国邮筒的颜色介于暗红棕色与橙色之间。

班，师从约翰·哈索尔学习卡通艺术（John Hassall，正是他为大北方铁路公司设计了著名的乔利·费舍曼形象海报，旁边还标有"斯凯格内斯实在太爽啦！"这句标语）。离校后，麦吉尔在一家造船工程事务所当了三年的制图员，之后进入泰晤士钢铁、造船及工程公司（Thames Ironworks, Shipbuilding and Engineering Company）。

闲暇时，麦吉尔是个十分积极的画家。他办了一个小型展览，展出其比较严肃的画作，引起商人约瑟夫·阿舍尔（Joseph Ascher）的注意。阿舍尔购买了麦吉尔部分画作的版权，将画印在卡片上出售。可惜，这些画不怎么受欢迎，阿舍尔只能低价卖掉存货。但当他开始卖印着麦吉尔的那些"轻画作"的卡片时，立马就成功了。（那些情色卡通也决定了人们现在对他的印象。）麦吉尔的卡通创作灵感来自音乐厅。他的岳父拥有埃德蒙顿的"变幻之宫"（Palace of Varieties），很快，他每周可以为阿舍尔提供 6 幅卡通作品。有了这份工作，他就辞了泰晤士钢铁、造船及工程公司的工作，成为自由明信片画家。可是，尽管他的设计越来越受欢迎，他每幅卡通画所获利润仍旧微薄。其中有一幅图画的是一个小女孩跪在床边祈祷，旁边有条狗在拽她的睡衣，图画上方有行字："主啊，待会儿我踢费多的时候，请原谅我。"按照麦吉尔的风格来说，这幅画风格保守。可印着这个图案的明信片卖出了几百万张，麦吉尔却只赚了 6 先令。

奥威尔在描写麦吉尔的文章里说他是"聪明的制图员，画人物时有真正的漫画家的触觉"，他作品的真正价值在于创造了特定类型作品的极致典范。奥威尔说，"低俗得无以复加""始终很猥琐""用色丑陋""毫无精神境界可言"是麦吉尔明信片的典型特征，其中有一部分，"可能有10%的图，比现在英国卖的任何明信片上的图案都要下流得多"，几乎是文具店窗口的非法陈设。但对麦吉尔的很多粉丝而言，吸引他们的正是这份粗鄙。他的整个职业生涯中一直伴随着因为下流而受到控告的威胁。

当地各机关的审查委员会采取了一系列措施，最终于1954年将他送上林肯郡皇家法院（Lincoln Crown Court）。麦吉尔因为一系列明信片画作遭受指控，检方称其违犯了1857年制定的《淫秽出版物法》(*The Obscene Publications Act*)。其中一张明信片画着跑马场上一位朝着下注点走过去的女人。她说："请给我最喜欢的那匹马下注。我亲爱的给了我1英镑让我干那事！法庭罚他缴纳50英镑罚款（外加25英镑诉讼费）。"该判决一出，明信片制造商突然意识到自己面临的风险，不少小公司开始收敛，用一些比较规矩的图案。结果，他们宣告破产，因为那些乏味的设计卖不过情色明信片，看来，相较于避免带坏纯洁的大众，明信片制造商更愿意迎合大众对低级淫秽明信片的需求。1957年，因为《淫秽出版物法》有所修订，麦吉尔向下院特别委员会提交证据。尽管新法更加宽松，让1960年出版的《查泰莱夫人的情人》也得以解禁，但是情色明信片的时代依然就此告终。晚年时，麦吉尔曾说："我并不为此自豪。我一直都想做些更好的事。其实我是个十分严肃的人。"

英国的大多数明信片上都印有花里胡哨的插图，但是，麦吉尔对英国明信片的主导并不意味着早期的照片传统消失了。最终创造出彩色照片明信片的是生活在爱尔兰的一位英格兰人。约翰·海因德（John Hinde）1916年出生于萨默塞特郡（Somerset），在一个贵格会（Quaker）家庭长大。儿时的一场病使他落下了部分残疾，加上自小受宗教影响，他长大后没有从军打仗，而是加入民防部队，开始探索摄影。20世纪40年代，海因德成了英国一流的彩色照片摄影师。他的摄影作品出现在一系列展示英国的书中——《图画中的英国》《战时和战后的市民》《埃克斯穆尔的乡村》，以及《英国马戏团生活》。

最后一本书几乎让他完全放弃了摄影。结束《英国马戏团生活》的摄影工作后，他成了马戏团的宣传人员，邂逅了高空秋千表演者尤塔（Jutta）。尤塔后来成了他的妻子。后来，他跟随马戏团到处巡演，沿途拍摄乡村风景。1956年，他成立了自己的明信片公司。海因德拍摄的爱尔兰乡村照片色彩明亮，照片中都是经典风景——"白色茅草小屋，红发村民，还有驮着草的欢快小毛驴"，这些照片很快就成为热卖商品。他细心布置，确保拍下的每道风景都十分完美（他甚至在汽车后备厢带了把锯子，拍照前发现景色中有不美观的地方，就锯一把杜鹃花来挡住）。

回到格兰之后，海因德开始为巴特林度假营（Butlins）画明信片，这批画作也是他最出名的作品。这些"色彩饱满鲜亮的画面"全都被马丁·帕尔（Martin Parr）收进了《我们的愿望是让您开心》，代表了帕尔口中"20世纪六七十年代最能代表英国的几幅作品"。肖恩·奥哈根（Sean O'Hagen）在《观察家报》上写道："一切看上去都很夸张但又很平凡。"他将这些画比作大卫·林奇（David Lynch）的电影或是彼得·林德伯格（Peter Lindberg）的摄影作品。那些高度写实的颜色、田园诗般梦幻的度假胜地，"浩渺的蓝色水面，悬在空中的塑料植物和海鸥，孩子们在充气管上来回玩闹，由救生员照看着，酷酷的救生员在室内还戴着墨镜"，这些画面直到如今仍旧非凡。

拍摄爱尔兰乡村时，海因德悉心确保每片风景的照片都完美无瑕。若现实与他想要的场景有出入，他就重新布置，直到满意为止。拍摄巴特林度假营时，他同样不放过任何细节，包括游客。帕尔在书中说，海因德的助手埃德蒙·内格尔（Edmund Nägale）解释，为确保每张照片都很完美，必须掌握微妙的沟通方法：

> 我也学了些基本的交际辞令。我们都知道用广角镜头拍人会出现什么效果，前排偏胖的女士得挪到别的位置。我会对她说："女士，您要是往这边挪一点，光线会更好，您的上镜效果会更棒，过来点……再过来点……再挪一点点……谢谢配合！"

帕尔觉得海因德为巴特林度假营拍的照片"具备了好照片应该具备的一切，赏心悦目，观察入微，还有社会历史价值"。帕尔还注意到："最棒的是，这些精心拍摄的画面并没有什么远大追求，也不求变成艺术巨作，只为印在低调的明信片上，以几便士的价格卖给游客。"卖明信片就是为了赚钱。明信片也不是用来收藏的，并不着眼于未来，只是希望此时此地能让您开心——它的愿望是让您开心。直至今日，虽然人们已经可以在推特上发自己度假的照片，在海边也可以刷脸谱网，明信片仍然是礼品店的主打产品。或许，现在买明信片只是为了留个纪念。人们不是为了寄给别人，而是留着当书签、钉在展示板上或者贴在冰箱上。只为一种记录，不是为了炫耀。

当初唐纳德·麦吉尔的情色明信片在各大海边小镇都是紧俏货，如今也有不少风格怪诞的明信片，它们不甘寂寞，上面印着的男男女女多少都穿得有点暴露。沙滩上背对着镜头的三个裸男，旁边印着"阳光，海水和……"，或者两个上身真空的女子晒着日光浴，旁边的标语写着"真希望你也在这儿"这样引人浮想联翩的旁白。这种卡片作用不明，似乎想学麦吉尔的机智风趣，可惜未得其精髓，原本巧妙的暗示变得太过直白。

其中一张明信片似乎一直很畅销，但最让人摸不着头脑：一个女人右边乳房的特写镜头，借助化妆及其他装饰手段，乳房变成了类似老鼠的生物。明信片上写着"伦敦的所有乳房"，不仅不太像老鼠的脸庞（这能算老鼠吗？谁说得准？还有一个版本看着像狐狸），而且似乎还在暗示这是伦敦的经典场景。这不是！这主意是谁想出来的？它想暗示什么？这种明信片是为了勾起人的性欲？肯定不是。不会有人被这种东西挑起欲望吧？卖这套明信片的是赫特福德郡（Hertfordshire）波特斯巴（Potters Bar）一家叫卡多拉玛（Kardorama）的公司。我联系了他们，想了解更多关于这套明信片的信息，可他们的发言人说他爱莫能助（"你问的那种明信片是我上任之前的事，我没法回答你的任何问题"）。

并非只有明信片执迷于性主题，"Tip'n'Strip"（"碰一下就脱衣"）笔告诉我们，单纯如圆珠笔，也会被人类的性本能玷污，笔身上画着一个衣不蔽体的女人（偶尔也有男人），要是把笔倒过来，女人就会变得更裸露。《辛普森一家》（The Simpsons）的某一集中，阿普（Apu）把草莓甜面包放进克威客电子商城的微波炉里加热。为了不被霍默（Homer）打扰，就给他拿了一支笔。霍默对阿普说："你知道谁喜欢这种笔吗？男人。""Tip'n'Strip"笔只是"浮动图案圆珠笔或浮动圆珠笔"中的个例。20世纪50年代初，丹麦的造笔商比德尔·埃斯科森（Peder Eskesen）发明了这种笔。埃斯科森1946年就在地下室创办了自己的公司，不过直到几年后，他才研发出这种产品，这也是他公司最出名的产品。

基本上，浮动图案笔上都有个背景图案（通常是河滩景色或是街景），图案上方浮动着一个物件（最常见的是小船、汽车或飞机）。展示这些的窗口里封着矿物油。不少制造商都曾尝试研制类似的笔，但只有埃斯科森找到了防止笔漏油的办法。20世纪50年代，埃斯科森首次接受埃索石油公司的委托，为他们研制一款笔，让油桶在清澈的矿物油中浮动，以宣传埃索金牌机油（Esso Extra Motor Oil）。真是个完美协作，抱歉我用了"协作"这个词。通过这支笔，埃索石油公司和埃斯科森都证明了自身实力，其他公司开始找他下订单。纪念品公司也看到了这款商品的潜力，很快这种笔就成了世界各旅游景点的常见物品。有段时间，世界上 90% 的浮动图案笔都出自这家丹麦公司。

文具架上所有的文具中，浮动图案笔能最逼真地再现你度假时的场景。不论是塞纳河上划行的小船，海中遨游的海豚，还是山脉上方掠过的飞机，如果你的想象力够强的话，它们都能让你觉得身临其境。去纽约旅行时，我买了一支浮动图案笔，展示的是一只塑料猩猩在爬摩天大厦，逼真地再现了金刚爬帝国大厦的场景。

早期浮动图案笔内的背景图由埃斯科森的创作团队绘制，由于图片上浮着矿物油，透过展示窗口看，图片会变形。为了解决这个问题，所有的绘画要素都要拉长，微微凸出。古希腊建筑师也使用了这种

浮动图案笔

原料，加长后，原本有点凸起的柱子看起来就是直的。后来，这些背景图被照片取代，尺寸缩小后印在赛璐珞胶片上，埃斯科森称这种过程为 "Photoramic"。这些微小逼真的元件组装好后放进笔杆里，再用矿物油封上，最后封好笔。2006 年，这种工序最终被数码摄影取代。此举让不少热衷于收集埃斯科森制造的笔的人十分担忧，他们担心背景画的质量会下降。

跟传统的浮动图案笔不同，Tip'n'Strip 笔一开始用的就是照片。照片上有个 "面具"，用来挡住或突出画面的某一部分。就像印着鼠脸乳房的明信片一样，连续多年用的都是同一个模特的照片。直到 20 世纪 90 年代中期，那些从 70 年代就开始用的模特

才被换掉。埃斯科森现在还在卖 Tip&Strip 笔，最近还引进了一批新模特，如今有"萨拉""瑞秋""克劳迪亚""珍妮佛""丹尼尔""贾斯汀""迈克尔"以及"尼古拉斯"等多个系列，所有的照片都很清晰，就连那些对埃斯科森转用数码照片持怀疑态度的人都觉得满意。不过，先别管公司的网络部门是否会监控你的网站浏览记录，工作的时候用这些笔才是绝对的不安全。

虽然浮动图案笔给人带来了视觉享乐，但它并不是满世界溜达的文具爱好者的唯一选择。我在纽约买了一些"图案装饰笔"和"雕塑装饰笔"，拿来跟伦敦的同类型笔做了比较。

图案装饰笔本质上是支笔，只是笔身印着图案而已。纽约和伦敦的图案装饰笔形状无异（实际上，笔身上都印着"韩国"），唯一不同的是笔身上印的图案。全世界的笔都差不多，只是笔杆上的图案不同，不同的城市用不同的图案，向世界展示他们眼中的自己。纽约纪念品业无比自信——他们很清楚自己的标志性建筑，毫不掩饰地为此庆祝（笔杆上印着黄色出租车、美元硬币，还有自由女神像）。与此同时，伦敦用作纪念品的笔只能死死抱住任何有历史意义的东西，试图证明自己的存在，不管效果如何。我在布鲁姆伯利买过一支笔，笔盖上印着"历史悠久的伦敦"，可旁边的图案却是圣保罗、国会大厦、塔桥，还有"伦敦眼"和"小黄瓜"[1]（这些建筑的历史比那支笔长不了多少）。不过，和纽约相比，伦敦还有一大王牌，那就是和王室的关联。可是，

---

1 "小黄瓜"：伦敦金融城的地标。

即使是在这么过时的领域，伦敦的纪念品店还拼命地怀旧——王太后和戴安娜王妃依然占据着主导地位。

雕塑装饰笔轮廓分明，笔头上装饰着用塑料模子重塑的地标建筑或名人。比较理想的地标建筑最好是瘦长型的，那样便于放在笔头。因此，塔和雕像比较合适，海滩和湖就不太合适了。纽约当然有个不二之选——自由女神像。那几乎就是为了装饰笔而设计的。（其实不是——直到1886年，法国人民将自由女神像送给美国，美国才开始用这个雕像来装饰笔）。可是，要说自由女神像适合用来装饰笔，倒也有个缺陷，那就是火把。塑料制成的廉价火把和举起的手臂很脆弱。实际上我去纽约旅游时，买过两支自由女神像装饰笔，其中的一支火把"灭"了，另一支胳膊"断"了。

伦敦没有自由女神像那种适合拿来装饰笔头的东西。没错，有大本钟，但是没了国会大厦的大本钟看起来很别扭；纳尔逊纪念柱或碎片大厦（The Shard）又不够经典；伦敦眼太圆；塔桥太宽；沙夫茨伯里大道上的安格斯牛排馆又没重要到可以放在纪念笔上。因此，伦敦只好用比较普通的东西来装饰笔——警察戴的头盔和红色的电话亭（伦敦某些地方仍设有这种电话亭，但已经不再是民用基础设施，而成了一个标志，为游客拍照提供背景）。一个国家最适合拿来装饰笔的竟然是电话亭和尖头帽，有点可悲啊。

不过，我们并非只有度假时才会想到稀奇古怪的文具。有时，或许只是绞尽脑汁想给办公桌添点色彩，或许是为了给同事准备圣诞神秘礼盒已经想尽了办法，遇上为我们提供这些小东西的公司，我们自然十分感激。Suck UK 就是这样一家公司。1999 年，山姆·赫特（Sam Hurt）和裘德·比达尔夫（Jude Biddulph）在北伦敦一家公寓的厨房里创办了这家公司。如今，Suck UK 的产品已经遍布 30 多个国家。Suck UK 公司专注于礼品和有趣的家居用品（"我们热爱文具并让它变得更加有意思。"他们好像是在说他们觉得文具本身并不好玩），包括"木乃伊麦克"（一个埃及木乃伊造型的硅胶绕线器，不过身上绑的不是绷带，而是橡皮圈）、"死掉的弗雷德"（一个笔座，造型是一个被圆珠笔戳中心脏而死的小人儿）、看起来像卷尺的胶纸座、鼓槌一样的铅笔、看着像 3.5 英寸软盘的便利贴、大号比克水晶笔盖一样的塑料笔筒。他们把一种文具做成另一种文具的样子，乐此不疲。

"把一样东西做得像别的东西"让人困惑，而"把一样文具做得像另一种文具"更让人摸不着头脑。我妹妹有一个铅笔形状的橡皮擦，而英国 Suck 公司有个看着像大号削笔刀的笔筒（在我打这些字的时候，我的桌上就放着一个这样的笔筒）。在我的收藏中，最奇怪的莫过于看着像百特胶棒（Pritt Stick）的卷笔刀。它跟 20 世纪 80 年代末的百特胶棒完全一样，卷笔刀藏在胶棒底部（盖子可以取下来，清空铅笔屑）。它不像大得过分明显的笔筒，也不像橡胶铅笔，尺寸和材质完全跟胶棒一样，完全看不出是卷笔刀，简直跟百特胶棒一模一样。当我第五次不小心把铅笔屑倒在准备贴在剪贴簿的照片背面时，我不禁觉得这份新奇感迟早会过去。

之所以有这么多奇奇怪怪的文具，是因为它们多多少少是实用的。度假时，我们在买荧光闪闪的笔和超大号橡皮时，总会自欺欺人，觉得这些东西回家后能用得上。同样的道理，你在旅游礼品店给孩子挑选礼物的时候，买支笔好像比买玩具更好。"当然了，买支笔也说得通，因为它也算是个有'创意'的玩具，"乔纳森·比金斯（Jonathan Biggins）在其《低效父母的700个习惯》（*700 Habits of Highly Ineffective Parents*）一书中抱怨道："是的，这些铅笔和纸确实是比较有创意的工具，前提是你会使用它们。但仅仅囤积一大堆这样的东西，只会让人忘了它们真正的功能。"

Chapter 8

· 第八章 ·

开学季，
你买了什么文具？

　　暑假刚开始，它们就现身了。商店橱窗里、报纸上、电视广告里都能看到：开学大促销、为 9 月做好准备。这是在呼吁人们行动：你们得为即将到来的新学年准备新文具了。尽管小时候的我喜欢文具，可我一看到这种广告就会很烦躁。6 周的暑假摆在眼前，充满无限可能，我可不希望有人提醒我这一切很快就会结束。可是，随着假期一天一天地过去，我开始觉得无聊。于是，我开始期待生活回归正常。很快就到了 9 月开学购置新文具的时候。

　　对商业街上的零售店而言，12 月非常关键：今年是盈利是亏损，就看这个月了。书、CD 和 DVD 全年都好卖，在 12 月销售高峰期来临前，母亲节、父亲节以及其他"送礼节"时销量也会有所上升。（"送礼节"这个词简明扼要地指出了亲情和慷慨已经变成可悲的商业营销手段。）哪怕前 11 个月全都亏损，12 月也能转亏为盈。而对文具店来说，"圣诞节"提前了 3 个月，从 9 月初的"中小学生开学季"开始，直到月末升级为"大学开学季"。暑假一开始，营销活动就火热起来。大批学生上个学年的铅笔都还没来得及削，商家们就开始在会议室策划新学年的营销活动了。

　　当年我上学时，最重要的文具是铅笔盒，其他都是次要的。铅笔盒能彰显个性。教室里，大家都穿着统一的校服，几乎不可能通过服装展示个性（男生可以改变领带长短，女生可以改变裙子长短，但仅止于此）。要想展示个性，就不能放过任何一丝机会。有支持的球队？那就买个铅笔盒；有心仪的乐队或卡通人物？那就买个铅笔盒。IP 衍生产品行业里有大买卖，而文具是其中的重头戏。不过，那些乐队有多感激这些产品可就不好说了。

印象中，有一年，我买了个圆筒状的铅笔盒，看上去就像罐装的百事可乐（1991—1998 年期间的白色罐装设计）。还有一年，我买了个扁扁的方形铅笔盒，看着像沃尔克斯薯片（盐味的那款，但我比较喜欢盐醋味的）。不过，现在网上很难找到这样的铅笔盒了。我猜想，现在人们对这种面向青少年的高糖分、高热量食物比较敏感。现在想想，以前的学生（更准确地说是学生家长）居然会花钱买那样的文具，向孩子们宣传碳酸饮料和零食。这确实难以理解。所以说，现在这些文具停产了应该是件好事。干得漂亮。

不过，在网上随便搜一下"花花公子铅笔盒"，你就会发现有一家零售业巨头的网点居然只有 3 款这样的铅笔盒，挺让人失望的。2005 年，英国连锁文具店 W.H. 史密斯开始销售花花公子系列文具，引发了不小的争议，店方辩解说："我们只是为顾客提供一种选择，我们不是道德审查员。"如果不是因为这句话的前一句是"这款产品销量惊人，远远超过了其他大品牌的文具"，说这句话倒也值得钦佩，勇气可嘉。W.H. 史密斯坚持认为花花公子的标志并非学生"不宜"，那"不过是个兔子而已"，"它有点意思，流行且时尚"。不过，几年后，W.H. 史密斯还是悄无声息地撤掉了花花公子系列文具。店方发言人解释说："我们不断地审视自我，更新产品，为顾客提供更多产品。我们每年都会上架新款的流行文具，撤掉花花公子系列文具只是更新产品的一部分。"铅笔盒跟着流行趋势走。

流行文具主要是针对女孩，男孩的选择就少多了。我问了位于英国商业街上一家文具店的采购员。她说，这是因为女生往往会和朋友结伴逛街，一个女生买了某样文具，她的朋友就会买个不一样的；女生不想跟朋友拥有一模一样的东西。而男生恰恰相反，他们不太想与众不同。如果他的同学买了一个"南方公园"（South Park）主题的铅笔盒（《南方公园》开播这么多年以来一直非常受欢迎），他也会买个一模一样的。对男孩们来说，随大溜比较有安全感。也许，这种消费决定背后隐藏的异性恋主流价值观假设让人不爽，但是销售数据表明事实好像确实如此。在零售领域，盈亏总额比性别政策更重要。我们暂且把性别化的细分市场视作一个整体，男生可选择的文具有限，在多大程度上导致普通男生的保守购买行为呢？此话题不在本书的讨论范围内。

在英国，IP衍生文具很受欢迎，可在欧洲其他国家，情况不是这样的。其他国家的学校没有规定学生必须穿校服，学生可以更加自由地彰显个性，"愤怒的小鸟"或者"单向组合"（One Direction）主题的铅笔盒不再具有吸引力。估计就连"愤怒的小鸟"和"单向组合"都已过时，不过这个论断还得接受时间的检验。

在美国，连铅笔盒都不太常见，肯定不像在英国的高中里那样随处可见。相比英国，美国的学校里更常用储物柜，学生只需将每堂课上要用的文具带过去就可以了。比较一下史泰博（Staples）的英国官网和美国官网，立刻就能验证这一点。就算扩大搜索关键词的范围（除了铅笔盒，还有"笔袋""笔箱""笔桶"），英国的选择明显多得多。显然，美国影视剧里的所有以高中为背景的场景都说得通了：坠入爱河的女孩倚着储物柜，抱着活页笔记本，手里紧紧地攥着铅笔和尺子，完全看不到铅笔盒的踪影。

不过，美国为世界带来了口袋护套。这种塑料笔套可以放在衬衣口袋里，防止口袋沾上墨渍。既然一切都能安然无恙地放在口袋里，还要铅笔盒干吗？虽然口袋护套总让人联想到那些"书呆子气的"人，例如在工程或计算机行业工作的人（或是大学里学这些科目的人）而不是高中生，但还是要说这种东西是由"无铅笔盒"文化造成的也不无道理：人总得找到容器来装文具。尽管口袋护套只会让人想到书呆子，但实际上有两个人为此针锋相对，皆称自己发明了这个塑料制成的护套。

其中一位是赫尔利·史密斯（Hurley Smith），他有时间上的优势，他早于对手将近 10 年宣称自己是发明者。史密斯 1933 年毕业于安大略的皇后大学，获得电气工程专业理科学士学位。毕业后，他找工作不太顺利，花了几年时间向糖果店和杂货店推销冰棒。后来，他搬去纽约州的布法罗（Buffalo），总算找到了专业对口的工作，在一家公司生产电器元件。他发现同事们总是把笔放在衬衣口袋里，但墨迹和铅笔痕会弄脏白色的衣袋底，从衣袋外面都能看到，而且衣袋边缘也会因此磨损。回家后，他开始做实验，尝试了各种塑料和不同的设计，寻求解决之道。他找了窄窄的一片塑料然后把它对折，然后再把其中的一半对折一下，留出一个扁扁的挂钩。把它放进衣服口袋时，挂钩正好钩住口袋边沿，较长的另一半则延伸出去。这样一来，口袋内部和口袋边沿都得到了保护。1943 年，史密斯为其"口袋护罩 / 护套"申请了专利（1947 年，专利申请通过）。后来，史密斯逐步改良了这个设计，加热封合"口袋护罩"的两边，使之成为一只袋中袋。销售之初，史密斯把目光投向大型企业，寻求特别的广告机会。到了 1949 年，他已经靠卖口袋护套赚了足够的钱，于是他辞掉电气公司的工作，全身心投入自己的事业。

史密斯的对手是格尔森·施特拉斯贝格（Gerson Strassberg），他的发明过程十分偶然。施特拉斯贝格后来成了纽约长岛罗斯林海港区的区长。1952 年，他正在制作用来装存折的透明塑料钱夹，突然电话响了。接电话时，他顺手把钱夹放进了衬衣口袋。在此过程中，他把笔放进了塑料钱夹，灵感由此而生。

从争夺这一简单产品发明权的两人身上，我们看到了从古至今两种不同的传奇发明者形象。一种是按部就班的工程师，为解决问题，用尽各种材料、尝试各种设计，直到发现可行的解决方案；另一种人别具个性，碰巧有了灵感之后，足够聪慧而且心灵手巧的他们便让发明创造偶然天成。看起来，二者宣称自己是口袋护套的发明者都显得合情合理。其实，发明过这个东西的估计有五六个人。20 世纪四五十年代，塑料制造工艺已经成熟而水笔漏墨的问题尚未解决，不同的人完全独立地想出相似的解决办法并不稀奇。

虽然口袋护套受人喜爱，《书呆子复仇记》（*Revenge of the Nerds*）中的刘易斯·斯考尼克（Lewis Skolnick）也爱用，不过，口袋护套的空间毕竟有限。放几支水笔和铅笔没问题，如果还要放圆规、三角尺、量角器这些英国数学会考考场上常见的工具，那还是得用铅笔盒。

低年级的学生比较幸运，不用带这么多东西。我上小学时，好像就没有铅笔盒。老式的课桌有盖子，东西全放在里面，不过那时也没什么东西可放。老师会分发铅笔、橡皮和尺子。直到我们有资格用钢笔的时候，才有了自己的文具。从用铅笔到用钢笔是很重要的一步，这是一种晋升，得自己争取，老师觉得你的连笔书写水平足够了，你才能使用钢笔。我们班的学生分成两种：一种是还在用铅笔的（基本都是黑色和黄色的施德楼诺里斯 HB 铅笔），我不是为了自夸，还有一种就是像我这样走上了使用钢笔的快车道。

有资格用钢笔后，多数学生的第一支钢笔是贝罗尔书写钢笔（Berol Handwriting Pen）。设计人员仔细咨询了老师，了解到学生使用的第一支钢笔需要具备的特点，然后设计出这款红色钢笔。对首次用钢笔的孩子而言，笔管的粗细、书写阻力的大小，这些都是需要考虑的重要问题。他们的手指还没接触过钢笔，尚显笨拙，所以笔需要更粗重一些，笔尖也不能滑得像圆珠笔的笔尖。贝罗尔书写钢笔上市于 1980 年，至今仍是教室里最常见的文具。不过，很难说这是钢笔本身的特质所致，还仅仅是因为怀旧。对很多老师来说，他们人生中的第一支钢笔也都是它。

贝罗尔如今是纽威乐柏美（Newell Rubbermaid）的子公司，最初成立时它叫鹰牌铅笔公司（Eagle Pencil Company）。鹰牌铅笔公司于 1856 年由贝罗尔兹海默家族在纽约创立，第一家伦敦分公司成立于 1894 年。1907 年，公司在托特纳姆（Tottenham）建立了一座工厂，过了 80 年才迁至金斯林（King's Lynn）一幢更大的厂房里。公司日渐壮大，开始兼并收购其他品牌（1964 年收购 L.&C 哈德姆斯铅笔制造公司，1967 年收购生产美术教材的马戈斯有限公司）。随着产品类型不断丰富，鹰牌铅笔公司这一旧称已不再适用。因此，1969 年，公司改为贝罗尔有限公司。

除贝罗尔书写钢笔外，教室里常见的笔还有贝罗尔毡头笔。基于马戈斯有限公司的经验，贝罗尔占据了课堂着色笔市场，正如当初让贝罗尔书写钢笔成为学生们的第一支钢笔那样。着色材料本身很单纯，但也可能涉及政治。盒子里有哪些颜色的颜料，乃至更关键的这些颜料叫什么名称，这些都很能反映社会现象。

2014 年，贝罗尔推出"肖像画"系列毡头笔。公司在新系列产品发布的新闻稿中解释说："孩子们越来越难找到适用于画自己和同伴肤色的颜色。"新系列产品旨在让孩子们"能够找到对应教室里各种发色和肤色的颜色，非常适合用来画肖像画和人物画"。肖像画系列包括六种颜色：赤褐色、桃红色、橄榄色、肉桂色、杏仁色和黑檀色。它们用诸如木头、水果、坚果和香料一类的中性物品来命名，而不用与肤色有直接联系的称呼。因此，贝罗尔公司不会冒犯任何人，而有些公司就没有这么有远见了。

宾尼＆史密斯公司成立于1885年，原名为皮克斯基尔化工公司（Peekskill Chemical Works Company），由约瑟夫·宾尼（Joseph Binney）于1864年于纽约创立。约瑟夫退休后，由其子埃德文（Edwin）和侄子哈罗德·史密斯（Harold Smith）接手。19世纪末，宾尼＆史密斯公司开始生产学校用品，例如石板笔、无尘粉笔。1903年，公司推出第一款"绘儿乐"（Crayola）8色蜡笔：黑色、蓝色、褐色、绿色、橘色、红色、紫罗兰色、黄色。后来，"绘儿乐"蜡笔的颜色越来越多，宾尼＆史密斯公司不得不想一些更有创意的名称。1949年，彩色蜡笔颜色包括"烧赭石""康乃馨粉""矢车菊""长春花"，很不幸，还有"肉色"（用来指白色偏红的色调）。没过几年，公司就意识到，"肉色"这个名称不太妥当。或许也是因为美国的民权运动，1962年，"绘儿乐"表示他们"自愿"将名称改为"桃红色"。

现在，我们一眼就能看出用"肉色"来指称类似桃红色的颜色有什么问题。不过，也有人指出，"绘儿乐"的工作人员在命名颜色时，也太过敏感了。1958年，绘儿乐推出"印度红"[1]蜡笔，1999年称为"栗色"，因为担心美国的学生们觉得"印度红"指的是北美原住民的肤色。其实，绘儿乐曾有说明："这一名称源自发现于印度附近的一种红褐色颜料，一般用来画油画。"虽说这个名字无可非议，但我觉得，绘儿乐作此改动十分明智。或许是吃一堑，长一智，1987年，绘儿乐推出彩色铅笔时，所有名称都相

1　Indian 既有"印度人"的意思，也有"印第安人"（北美原住民）之意。

对安全："红色""橙红色""橙色""黄色""黄绿色""绿色""天蓝""蓝色""蓝紫色""浅褐色""褐色"以及"黑色"。这组名称中，唯一可能引发争议的是工作人员突然转用"天蓝"这个指代不明的词，而不用"浅蓝色"这样跟其他颜色名更配套、更没有歧义的名称。（一天中哪个时段的天空？一年中什么季节的天空？天空的颜色变幻无穷。）

自 17 世纪中期开始，艺术家就借助铅笔套使用粉色蜡笔。1781 年，约克郡人托马斯·贝克威思（Thomas Beckwith）首创了制作彩色木杆铅笔的方法，并为之申请了专利。他用"从纯矿石、动物及植物产品中"提取出来的物质混合"一定量的精纯矿灰或精选陆地化石中的提取物"制成颜色复合物，再加入"适量高度分馏的精油"和"木樨科动物物质"，搅拌混合物直至其质地柔滑，然后"软化、浓缩，再用火除湿"，然后将其封进木杆，变成铅笔。现代生产倾向于用颜料、水、黏合剂和混合剂混合而成的混合物制作铅笔芯，因为陆地化石原料、木樨科动物的物质比较稀少。1788 年，伦敦的文具商乔治·赖利（George Riley）生产出贝克威思的"彩色铅笔新品"，跟"黑色铅笔"一样好用，但不会像粉笔那样弄出一堆粉尘污渍。彩色铅笔的颜色深浅不一，共有 32 种颜色可选。如今，瑞士的凯兰帝公司（Caran d'Ache）出产的所有彩色铅笔共有 212 种深浅不一的颜色。

慢慢地，你变成高年级学生，铅笔盒里的东西也越来越丰富。不过，一旦你离开校园，除非你从事某些特别的职业（例如建筑绘图师或海军军官），有些文具你就再也用不到了。那么多年，我们天天带着这些文具，然后突然有一天，我们就跟它们再无瓜葛了。应当为这种场合办个仪式，作为一种告别。可实际上，它们只是被丢进抽屉，渐渐被人遗忘。之所以留着它们，是因为它们还没有坏，但我们再也用不着它们了。成千上万的三角尺和量角器在大家的书桌抽屉里无所事事。毫无疑问，这些三角尺和量角器大多出自同一家公司。

这个后来变成喜力克斯（Helix）的公司由伯明翰商人弗兰克·肖（Frank Shaw）创建于1887年。身为金匠的儿子，肖从小就接触金属行业。他创办的霍尔街金属轧制公司（Hall Street Metal Rolling Company）起初生产钢丝和钢板，然后转而生产实验室仪器设备：试管架和夹钳，还生产黄铜圆规。19世纪末，随着越来越多的孩子走进校园，肖很快就意识到教学设备的需求量在增加。那时候，很多教学设备（例如直尺、三角尺、绘图板）皆为木制的。1887年，肖为自己新成立的通用木工公司（Universal Woodworking Company）办了一家工厂。短时间内，公司就因生产的标尺质量卓越而声名远扬。据说其造尺工艺共有22道工序。帕特里克·比弗（Patrick Beaver）在为庆祝公司成立100年而写的书中写道，"15英尺的半圆木送进工厂，加工打磨长达一年，""然后用电锯切割成不同尺寸的标尺坯，再加工一年"。两次工作结束后，把标尺坯放进机器定型，接着打磨、上漆。然后"模切"，标出数字和刻度，经炭黑摩擦，最后再清洁、打磨一次。终于，这些尺子可以上市销售了。

毋庸置疑，通用木工公司的22道造尺工序令人印象深刻。不过，他们至少还能借助工业革命的成果，而最早一批造尺的人可没有这么好运。尽管如此，他们造出来的尺子刻度也精准得惊人。最早的一批尺子中，最精准的是在罗塔尔（现为印度西部古吉拉特邦的一部分）考古挖掘中发现的那一把，这把发现于 20 世纪 50 年代的尺子可追溯至大约 4500 年前，其尺刻度精准到 0.005 英寸。直到 19 世纪，人们一直用象牙和兽骨制作尺子，因为这些材料较坚固、不易弯曲变形。但考虑到成本和实用性，它们最终还是被木尺和金属尺取代了，也有一些兼用木材和金属的尺子。我的维洛斯 -145 直尺（又一件在易贝上买的文具）尺身由黄杨木制成，一条边是钢"脊"，以确保直尺不会有划痕或凹痕，而木尺常有这个问题。

黄杨木尺大获成功，弗兰克·肖为此颇受鼓舞，于 1892 年合并了霍尔街金属轧制公司和通用木工公司，重心逐步转向教学设备。两年后，肖设计出一款新圆规：喜力克斯螺环圆规（Helix Patent Ring Compass）。此前，圆规上都设螺钉，画圆时用来固定铅笔。但如此一来，要调整松紧，就得用上螺丝刀。而肖设计的圆规上有一道金属环，单用手就能调整松紧。新时代就此诞生：不管是谁，人们在纸上画圆的时候都比以往轻松许多。

金属圆规还能在教室斗殴中作为武器。据说，大卫·鲍伊（David Bowie）的眼睛异于常人，就是 15 岁时与同窗好友乔治·安德伍德（George Underwood）斗殴所致。不过，这个故事不太可信。安德伍德在鲍伊的自传《天外来客》（Starman）中解释说："这只是一场意外。我没有拿圆规、电池或任何你们觉得我拿了的东西。我甚至都没戴任何戒指。"

比圆规尖更可怕的教室武器是剪刀。一屋子的孩子都有带利刃的剪刀，出于安全起见，剪刀尖一般都是"钝头的"，并且学校严令禁止学生拿着剪刀追逐打闹。当然，递剪刀给别人时要把剪刀把手朝着对方。或许你觉得，"安全剪刀"这个矛盾的概念是过去数十年里以过度保护、健康安全为要义的文化的产物，可实际上，早在那之前，它就已经存在了。1876 年，俄亥俄州阿莱恩斯的亚摩斯·W. 科茨（Amos W. Coates）"改进"了儿童所用"剪刀"（"基本上是供小女孩剪布头做棉被、玩偶之类玩意儿用"），并为此申请专利。剪刀"两刃尖端设计成球茎状或带有护套"，防止孩子们"奔跑或摔倒时被剪刀戳伤"。

1912 年，肖整合各种文具，推出了第一套供学生使用的制图工具。其中包含"一个 5 英寸的喜力克斯圆规、黄杨木量角器、木制三角尺、6 英寸长的直尺、一支铅笔和一块橡皮"。产品一经开售就获得成功，不仅在英国畅销，还随着传教团在非洲和印度大受欢迎。这也是"齐全和精确"的牛津制图仪器套装的先驱，喜力克斯至今仍在出售牛津制图仪器套装。这套制图仪器在文具店里卖了上百年，全世界共卖出 1 亿多套，套装里的文具种类却一直没变。最新款的牛津制图仪器套装仍装在盒子里，盒子上绘有牛津大学贝利奥尔学院（Balliol College）的礼拜堂和老图书馆，盒子里仍旧是早先的那些文具（只不过直尺、三角尺和量角器都变成塑料的了），添加了一把三角尺（原先只有 45°/90° 的三角尺，新增了 30°/60° 的三角尺）、削笔刀、注记模板以及一张资料页，资料页上列着一些数学公式和符号。套装包装的背面有文具简图，不过包装上也标着"因为市场需求不同，内容和示意图可能有所区别"。

年近花甲的弗兰克·肖有意退休，可他膝下无子，公司无人继承（他直到近 60 岁时才娶妻）。于是，他把公司卖给了他信任

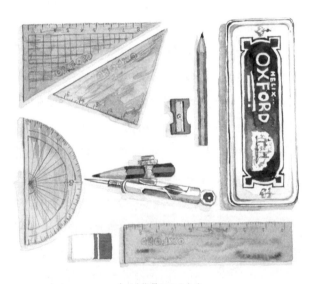

海力克斯学生文具套装

的两位同事：阿瑟·劳森（Arthur Lawson）和阿尔弗雷德·韦斯特伍德（Alfred Westwood）。劳森是他的律师，负责管理工厂的韦斯特伍德则为公司尽心效力了 20 年。他们二人各支付了 5000 英镑（相当于现在的 22 万英镑左右）买下了公司，那时公司的年营业额约为 1.7 万英镑。两年内，他们就把年营业额提至 2.5 万英

镑。可是，20世纪二三十年代，公司的发展开始停滞不前。

1925年，阿瑟·劳森之子戈登（Gordon）与阿尔弗雷德·韦斯特伍德之子克利夫（Cliff）加入公司。戈登负责木工生产，克利夫则一路晋升为金属制品工厂的监工。5年后，两人均位列董事会成员。为解决经济大萧条导致的财务窘迫，公司只好精简业务，砍掉收益不高的系列产品，并冻结了工资。20世纪30年代后期，公司开拓海外市场，状况有所改善，可二战随后而来，实在对公司无所助益。一切生产均为战争服务，精准测量仪器和导航设备是生产重心。战后，公司开始拓展海外业务，尤其针对正在建立和发展教育体系的英联邦国家。1952年，阿瑟·劳森去世，戈登·劳森成为公司总裁。两年后，克利夫将名下股份卖给戈登，自己离职退休。与此同时，戈登·劳森的妻子埃尔希（Elsie）加入董事会。从此，喜力克斯成为家族企业。

20世纪50年代，公司逐步走向现代化。公司从外部购入赛璐珞三角尺和量角器成品，木制产品逐步被淘汰。1955年，公司名称从通用木工公司改为喜力克斯通用公司。4年后，喜力克斯公司启用第一套塑料铸模设备。未来终归这里。木材越来越贵，而塑料模具生产技术日趋成熟，因此塑料直尺越来越得人心。它比木尺便宜、轻便，而且是透明的，用作技术制图工具再合适不过。不过，塑料尺也有一个缺陷：不够结实。早期的塑料非常脆，哪怕轻轻地颠一下也会碎裂。

制造工艺改进后，直尺越来越坚韧。如今的喜力克斯直尺可以"抗碎裂"。过去的30年里，英国所有学校的人都熟知这个词。

它至今仍印在直尺上，仿佛这是喜力克斯产品的特性而非行业标准。不管在哪个教室里，总有学生会误解这个词，以为尺子摔不坏，然后就试图证明这个说法不对。不过，这个说法还算谦虚的，只是说"抗"碎裂，没说尺子不可能被人掰成两半。尺子上"碎裂"一词的字母参差不齐（维克·卡利斯于 1973 年设计，并借此在当年的"拉图雷塞国际字体大赛"中获胜），令人联想到碎玻璃，表明"碎裂"和"断成两截"是不同的概念。我想向我的同学说明这一点，可他们不听，非要拿我的尺子来检验这个说法。有些尺子的韧性增强，从"抗碎裂"升级为"保证不碎裂"。我桌上有一把从上一家公司偷拿的尺子，它结合了这两种说法，即为"保证不抗碎裂"。我实在不知该如何理解这句话。意思是能防止尺子不碎裂吗？我整天提心吊胆，生怕它突然爆炸，碎成无数片。这样实在不太安全，我得把它扔掉，可是，我不确定用手去拿是否安全。

塑料尺有韧性，不仅不再易碎，还可以用来满教室弹橡皮，或者拿来弹桌子边，震得"啪啦啪啦"响。而有些尺子不仅柔韧，功能也多，尤其是帕尔瓦制品公司（Parva Products）20 世纪 40 年代出品的"信件秤和尺"，号称是"与众不同的圣诞礼物"。尺子的一端刻有槽口，尺身中间有 3 个孔。称信时，把信卡进槽口，把铅笔放进尺中间的某个孔里。当尺子平衡时，看孔旁边对应的刻度便能知道信件重量，并计算出所需邮资。它不仅可以拿来在寄信前称信，还可用作放大镜、曲线板、圆规、量角器、水准仪和三角尺。

1959 年，戈登·劳森猝然离世，埃尔希接任公司总裁，其子彼得（Peter）担任总经理。此后 10 年，埃尔希走遍非洲、亚洲以及中东地区，大力宣传喜力克斯的产品。公司加入了英国商务代表团和英国国家出口委员会（British National Export Council）。她的付出终于得到了回报。到 20 世纪 60 年代末，公司共与 80 多个国家的企业有合作，她本人也荣膺大英帝国勋章（OBE）[1]。20 世纪七八十年代，公司不断壮大，1975 年收购了钱柜制造公司"邓恩和泰勒"（Dunn&Tylor），两年后又收购了橡皮制造商卡尼尔橡皮有限公司（Colonel Rubber Limited，这个名字让人觉得这个公司是文具主题版的"妙探寻凶"游戏中的一个残次品）。

当初，弗兰克·肖临近退休才发现没来得及给自己找好继承人。而后，公司进入了长达 50 年的劳森王朝。董事会主席马克·劳森（Mark Lawson）是从兄弟彼得手中接过公司的，而劳森王朝也在他手中终结。人们一度揣测，马克已经年近古稀，公司将何去何从。2012 年 1 月，喜力克斯宣布，公司从此交由职业经理人团队经营。有报道称，喜力克斯此举是因为面临财务危机。总经理马克·佩尔（Mark Pell）否认了这一说法，称公司有此决策是因为家族企业的管理模式已经"过时"，公司需要与时俱进。随你怎么说，马克，随你怎么说。

1　大英帝国最优秀勋章（Most Excellent Order of the British Empire），简称大英帝国勋章（Order of the British Empire），或译为不列颠帝国勋章，是英国授勋及嘉奖制度中的一种骑士勋章，由英王乔治五世创立于 1917 年。

职业管理人团队接管不足 1 个月，法国文具生产公司马培德（Maped）就宣布将收购喜力克斯。1947 年，马培德在法国成立，前身为"精密仪器及绘画用品生产公司"（Manufacture d'Articles de Precision Et de Dessin）。起初，公司主要生产黄铜圆规，不过最终扩大了生产范围。1985 年，公司开始卖剪刀；1992 年，收购法国橡皮生产厂家马拉（Mallat），开始销售橡皮。20世纪90年代，公司增加了订书机、卷笔刀及其他办公用品的生产线。马培德发展蓬勃，开始建立海外分公司，1993 年首先在中国建成马培德文具有限公司，然后在阿根廷、加拿大、美国及英国开设了分公司。和喜力克斯一样，马培德卖得最成功的产品也先是圆规，然后扩展到其他的教学设备和办公设备。所以，马培德收购它在英国的竞争对手合情合理。宣布收购计划时，马培德总裁雅克·拉克鲁瓦（Jacques Lacroix）说："考虑到我们两家公司的产品组合和地理位置，两家合并，能产生可观的效益。"和雅克·拉克鲁瓦一样，我也"很高兴看到喜力克斯能继续自主运营，同时还获益于马培德集团强大的生产及资金支持"。但说实话，我无法想象弗兰克·肖或埃尔希·劳森会说出"可观的效益"或"产品组合"这样的话。

Chapter 9

· 第九章 ·

我生活中的一抹亮色：
荧光笔

the highlight of my life

现在，没有荧光笔的生活实在难以想象。

以前，想强调文件中的某个关键词或某处紧要细节，只能在下面画条横线，而这其实也不是很久远之前的事情。一堆黑字中，红色笔迹可能比较醒目，要是能加上一条细细的波浪线那便再好不过了。这个世界需要一支笔尖像凿子一样的笔，既可以用来标注一个词，也能标注整个段落，墨色明亮鲜艳又具备透明度，不会把标注的字弄模糊。那就是荧光笔！不过，在生产荧光笔之前，得先发明合适的笔尖。

日本人堀江幸夫（Yukio Horie）最早研发出使用纤维笔尖的笔，荧光笔就是由此而来的。纤维笔头（也常被叫作"毡头"）用起来像刷子，跟刷子一样也是先浸入墨水，然后在页面上抹开。不过，与刷子相比，纤维笔尖有一处明显不同，那就是墨水存储在笔管内部，而不是在墨水瓶或调色盘中。1946 年，堀江成立了大日本文具株式会社（Dai Nippon Bungu Co.），后来更名为日本文具公司（Japan Stationery Company），最终成为全球知名的大公司——派通公司（Pentel）。一开始，该公司主要生产用于教学的蜡笔和毛笔。眼见圆珠笔卖得越来越好，堀江决定自主研发一种特别的笔让公司脱颖而出。堀江想发明的笔既要写起来像写日本字用的那种毛笔，也要像圆珠笔那样好用。

堀江用树脂将一束丙烯腈系纤维绑在一起，这样制成的笔尖有足够的硬度，可以削成精细的笔尖，同时柔软度也够吸墨。由于毛细管作用，墨水可以通过笔尖内构造精巧的墨管流出。要想让墨水流出墨管，墨水就不能太黏稠也不能太稀，不然会漏出来。笔管尽头开有一道气孔，管内的空气可以逸出，即使受热，笔管内的气压也不会增加，墨水也就不会漏出。经过 8 年的改良，堀江研发的新笔准备好上市了（因为笔迹醒目，成为签署重要文件的理想选择，所以叫它"签字笔"）。新笔发布的初期，市场反应十分冷淡，但堀江把笔带到美国后，这款笔渐渐风靡。直到有一天，这款笔打入了白宫，美国总统约翰逊用了这支笔。1963 年，它被美国《时代周刊》评为"年度最佳产品"，后来，"双子星座"太空计划[1]中也用了这种笔。

没错，多年来，其他公司也在研发各种毡头笔。1908 年，李·W. 纽曼（Lee W.Newman）为他设计的带吸墨笔尖的记号笔申请专利（"实际操作时，我更喜欢用毛毡制作这种笔"），1952年，西德尼·罗森塔尔（Sidney Rosenthal）发明魔力马克笔。堀江用树脂把纤维绑在一起，笔尖可以削得更为精细，这也为我们如今使用的凿型笔尖和子弹头笔尖铺平了道路。1965 年，《纽约时报》报道称这种纤维笔尖的笔越卖越好，肯定了堀江的贡献。

---

1 "双子星座"太空计划：美国的第二个载人航天计划，1965—1966 年间共有 10 次环绕地球轨道载人飞行。

报道称："一位日本制造商唤醒了这种书写工具市场的活力，人们对此不会有什么异议。这家日本公司总部在东京，名为'日本文具公司'。它销售的马克笔叫作派通笔，现在，美国的家庭、学校和办公场所，到处都能看到这种笔。"

《纽约时报》的文章指出，美国企业很快就看出这种笔的潜力，开始研发自主品牌，报道称，"其实，美国主要的水笔或铅笔制造商几乎全部进入了这个迅速崛起的领域"：

> 派克也加入竞争，面对其他强势的竞争对手，例如
> W.A.犀飞利墨水笔公司（W.A.Sheaffer Pen Company）、斯
> 科瑞普托有限公司（Scripto Inc）、伊斯特布鲁克钢笔公司
> （Esterbrook Pen Company）、维纳斯笔具公司（Venus Pen and
> Pencil Company）以及林迪笔公司（Lindy Pen Company）。
> 除了这些耳熟能详的公司，还有一些不那么出名的公司，例
> 如斯皮迪化学制品有限公司（Speedry Chemical Products Inc，
> 魔力马克笔的出品商）、卡特墨水公司（Carter Ink）等，全
> 都活跃在这个市场领域中。

读这样一份由许多独立公司组成的名单，多少有些令人振奋，这总好过读一份只有区区几家大型联合企业及其子公司的名单，而这就是今天的情况。上述名单中列出的公司，要么已经停业，要么已被兼并收购（伊斯特布鲁克钢笔公司和维纳斯笔具公司于1967年合并，变成维纳斯-伊斯特布鲁克，后又被纽威乐柏美集

团的子公司收购。派克也在纽威乐柏美集团的旗下。犀飞利则成了比克笔公司的一部分，斯皮迪的魔力马克笔则成了绘儿乐旗下产品）。

精细纤维笔尖笔风靡全美之际，新型墨水和颜料也研制成功。水基墨比较薄，不像乙醇基墨水那样容易渗进纸张。同时，颜料制造工艺进步，这意味着可以生产出黄色、粉色等鲜艳的颜料。这些颜料足够醒目，涂在纸上一眼就能看到，同时又是透明的，不会遮掉下面的字。荧光笔的时代就要来临。

卡特墨水公司也许不为《纽约时报》所熟悉，但它其实是出色的墨水制造商。1858 年，威廉·卡特（William Carter）从他叔叔那里租了一个商业地产，在波士顿成立了这家公司。起初，公司的名字简单直白，就叫"威廉·卡特公司"，出售纸张给当地的店铺。不过，随着公司业务增加，卡特开始大宗采购墨水，然后重新灌到贴着自家公司名的瓶中。可惜，南北战争爆发，这个巧妙的生意计划被迫中止。卡特采购的墨水来自"塔特尔和摩尔"（Tuttle&Moore）墨水公司，战争爆发后，塔特尔沙场赴战，摩尔逐渐停了公司的业务。卡特开始自己生产墨水，他获得了配方使用权，然后给塔特尔和摩尔公司分成。

为了放置生产设备，卡特搬至新的厂房，他的兄弟爱德华（Edward）也加入了公司，于是公司改名为"威廉·卡特与兄弟"。不过，这个名字改得没有远见。很快，他们的另一个兄弟约翰（John）也加入公司，公司改名为"威廉·卡特与兄弟们"。1897年，他们的堂兄弟加入公司，公司又一次改名，变成"卡特兄弟公司"。卡特要是一开始就想出一个能通用的名字，就不用费那么多钱修改信笺上方的印刷文字设计了。最终"卡特兄弟公司"改名为"卡特墨水公司"，整个 20 世纪初期，公司不断地研制新产品——打字机用的复写纸、水笔、打印机色带、新墨水。它不断创新，始终立于不败之地。

1963 年，眼见派通公司的纤维笔尖签字笔大获成功，自家公司又精于墨水生产，卡特便发布了一款新品：荧光高亮笔（Hi-Liter）。起初只有黄色款，售价 39 分（相当于现在的 2.99 美元）。《生活》（Life）杂志上登了一则广告：

> 卡特读书荧光笔——清晰，可以"透过"明黄色荧光笔迹阅读词语、句子、段落、电话号码，给它们加上"高亮"（Hi-lite），这样你就能一眼找到！速干墨水，不会浸湿纸张。

卡特同时也打出新款记号笔广告：卡特 Marks-A-Lot 马克笔（"想画广告包装？想区分工具、玩具、靴子、盒子？ Marks-A-Lot 马克笔最好用——醒目、清晰、不褪色"）和亮色马克笔（"想要给海报和装饰品增添一抹亮色？想要指示牌和陈列品'闪闪'发光？试试这款马克笔吧，五色可选，火焰般闪闪发光，炫目耀眼——效果显著！"）。广告中还有一句极具营销策略的话：快去你最爱的店里集齐卡特马克笔，今天就把它们买回家！

卡特荧光高亮笔的营销很成功，在美国一直很畅销。如今，这款笔有多色可选，不过黄色和粉色依旧是荧光笔市场的主流，占销售总量的 85% 左右。黄色处于人眼可见光光谱的中间段，十分显眼，比其他颜色更易辨识（即使是红绿色盲也能看到）。荧光高亮笔带来一种全新的笔记方式、复习方式和学习方式。要说它改变了全世界可能太过夸张，但它确实小小地改变了世界。世界需要革命，也需要进化。不过有些人不喜欢荧光高亮笔，德国人冈特·施万豪瑟（Günter Schwanhausser）就是其中一位。

20 世纪 70 年代初，施万豪瑟赴美旅游，在一家文具店看到一支新款荧光笔。他有个习惯，只要去别的国家，就要去当地的文具店里逛逛，确保自己时刻紧跟世界潮流，掌握铅笔、水笔等产品的最新动态。这并不是个奇怪的执念，也不是什么无聊的爱好，而是施万豪瑟骨子里就有着对文具的爱。

1865 年，冈特的曾祖父古斯塔夫·亚当·施万豪瑟（Gustav Adam Schwanhausser）收购了"格罗斯伯格与库尔兹"铅笔工厂。这家工厂是乔治·康拉德·格罗斯伯格（George Conrad Grossberg）和赫尔曼·克里斯蒂安·库尔兹（Hermann Christian Kurz）10 年前在纽伦堡创办的，成立不久后就背上了债务，对当时年仅 25 岁的古斯塔夫来说，这项投资是一场冒险。不过，短短几年内，他就扭转了工厂经营惨淡的局面。收购工厂 10 年后，古斯塔夫发明了生产复写铅笔的方法并申请了专利。复写铅笔是一种含有苯胺染料的铅笔，用它在纸上写下文字后，把这张纸弄湿压在另一张纸上，就可以复制刚才写的内容，不过是镜像的。因此，要用极薄的半透明纸张，那样复制好的纸可以翻过来，字也就正了。

随后几年，施万豪瑟工厂的规模日益壮大，生产的铅笔也越来越大。1906 年，在巴伐利亚州展览会上，这家工厂拿出了当时世上最大的铅笔（长约 30 米，不过跟现在的世界纪录保持者比起来，显得微不足道。施德楼 2011 年生产出了 225 米长的怪物。吉尼斯世界纪录官网郑重其事地声明："铅笔的一端削尖，在公证员的见证下，在纸上写下了一些字词"）。

1925 年，施万豪瑟工厂（现在缩减为"施万"）推出了思笔乐（STABILO，从一开始就全部采用大写字母以引人注意）。如果思笔乐不仅仅算作一种产品的话，那施万应该算是创立了一大品牌，正是这一品牌使施万声名远扬。最早的思笔乐产品是彩色铅笔，"笔芯极细且坚固，颜色细腻，如天鹅绒般柔软"。这种新铅芯是奥古斯特·施万豪瑟博士（Dr August Schwanhausser，古斯塔夫·亚当的儿子，冈特的叔祖父）研发出来的，既比同时期的其他铅笔笔芯纤细，又比它们坚固，因此增强了产品的"稳定性"（由此取名思笔乐，STABILO）。因为笔芯比市面上的其他铅笔更坚固，施万便打出广告，称之为"永远不断的铅笔"。这句广告词引起了铅笔制造者协会（Association of Pencil Manufacturers）的注意，他们对此抱有异议。最终，施万做出让步，将广告词改成"不会断的铅笔"（不过在我看来，这两句广告词的意思完全相同。铅笔制造者协会的立场也太不坚定了）。

1950 年，冈特·施万豪瑟加入公司，成为家族企业的第四代成员。至此，思笔乐产品已经包括了高端钢笔和铅笔。此外，公司还推出两个系列产品：奥赛罗（Othello，面向普通消费大众）

和斯万诺（SWANO，面向儿童）。公司还将销售领域扩展到了化妆品。最初，它在 1927 年推出眉笔，后来增加了唇线笔和眼线笔（虽然这些产品在英国并不出名，但施万的化妆品销售占了公司年销售总量的一大半）。

在美国各大公司匆匆进军纤维笔市场时，施万也出了类似的水笔。20 世纪 60 年代末，施万推出两款纤维笔：思笔乐 -OH（用来在醋酸乙烯酯透明投影胶片上写字）和思笔乐 -68（"第一款供学习或有兴趣者使用的'绘画'纤维笔"）。1969 年，冈特的父亲和两位叔父退休，冈特和堂兄弟霍斯特（Horst）接管公司。霍斯特负责化妆品部分，冈特负责研发新的书写工具。就在这时，他看到了荧光笔。冈特觉得这种笔潜力无限，他也发现美国的学生在考试前复习时爱用这种笔。于是，他想扩大荧光笔的销售范围，将更加有利可图的办公场所也纳入销售范围。不过，对荧光笔的质量，他并没有深刻印象（"简单的圆笔柄，又粗又短的毛毡笔尖"），也没多大兴趣。他只是觉得，这种新型的笔得与众不同，要跟文具架上的其他笔不一样。冈特相信，如果他能解决这个问题，他的新款荧光笔一定会成功。他带着目标回到了德国。

墨水是需要首先考虑的问题。如果用错了墨水，那他的荧光笔跟他在美国看到的那些区别不大。在施万，化学永远处于重要地位。冈特的叔祖父奥古斯特·施万豪瑟博士研制的纤芯彩色铅笔奠定了思笔乐的品牌基础，奥古斯特之子埃里希（Erich）延续传统，在 20 世纪 20 年代末加入公司前，获得了化学博士学位。冈特没学过化学，便将研发更加明亮的新款荧光墨水这项任务

199

交给了公司的研发部总监汉斯 - 乔基姆·霍夫曼博士（Dr Hans-
Joachim Hoffman）。

　　荧光墨水和涂料最早是由加利福尼亚的一对兄弟罗伯特·斯
维泽（Robert Switzer）和乔·斯维泽（Joe Switzer）在 20 世纪 30
年代研发出来的。有一天，罗伯特在卸货时遭遇一场意外，昏迷
了几个月。醒来时，他发现自己视觉受损，医生建议他待在昏暗
的房间里，直到视觉恢复。在那段昏暗的时光里，他对紫外光以
及荧光与磷光混合物的特性产生了兴趣，当时他那双十分脆弱的
眼睛唯一能感受到的就是那些在黑暗中发亮的物体。他的视觉刚
一恢复，兄弟俩就开始用父亲药店仓库里的荧光物质做试验。他
们把紫外线灯，或曾用过的其他一切发光的东西都带进了仓库。
通过混合自然发光的物质，他们发现了虫漆等物质，最终发明了
"日辉牌（Day-Glo）"荧光漆。战争期间，日辉牌荧光漆成为军
用物资，空军能通过荧光织物认出自己国家的军队。因为用了这
种荧光漆，跑道标志在夜里也清晰可见，所以美军可以整夜从航
空母舰上起飞。这让他们比日军有了优势。战后，人们用这种漆
标识路牌、锥形交通路标、大楼内的出口指示牌、服装和休闲产
品。20 世纪六七十年代，紫外线灯（或"黑光灯，Black Light"）
在嬉皮士中十分流行，他们用卡特墨水公司的亮色马克笔设计真
假难辨的迷幻海报。霍夫曼的团队设计出了类似的墨水，用在了
冈特的荧光笔中。

　　我把这家公司的发展历程从头到尾看了一遍。你可以想象，
当我用黄色思笔乐荧光笔的凿形笔尖标出"公司最资深的化学研

究员团队，在汉斯 - 乔基姆·霍夫曼博士的带领下，很快就研制出了黄色荧光笔"这句话时，我感到多么满足，那是发自肺腑的激动。鉴于汉斯 - 乔基姆·霍夫曼博士及其团队的突出成就，还有比用他们研制出的黄色荧光笔标注更好的致敬方法吗？

不过，虽然荧光笔的墨水问题解决了，但冈特还有一个问题。他想让荧光笔的外形看起来与众不同。要新颖别致，而不是跟别的荧光笔一样，只是圆笔柄套个盖子。他让公司的设计团队设计一个新造型。设计师们提出了一些方案，但都差点意思。他们苦思冥想，找寻灵感，用黏土做了型号不一的各种模型。最后，他们决定采用圆锥体造型——圆笔管，一端粗一端细。他们确信这就是冈特想要的设计，于是把用黏土做的模型拿给他看，可他还是不满意。这样的局面让设计师们垂头丧气，其中一名设计师懊恼地一拳砸扁了黏土模型。歪打正着，冈特喜欢这个扁形的设计。

尽管纯属意外，但这种"宽宽扁扁的"荧光笔才是最好用的。它造型独特，那样你目光都不用离开纸面就能找到它；它的笔身是扁平的楔形，也就是说，它不会从桌面滚下去。它牢固厚实，令人放心。设计师把这个被压扁的圆锥体拿给工程师，做出了模具。笔身采用跟墨水一样的颜色，就像被高亮标注的词句在纸上十分显眼一样，架子上的荧光笔也会十分突出。笔身颜色虽然跟墨水颜色一样，但为了有个统一形象，笔头旋盖一律采用黑色。荧光笔的凿形笔尖被切去一角，这又给这款荧光笔添上一点利落小特质——它可以画出粗细不同的线条。用粗的那边可以画出 5 毫米的线（适用于标注大段文本），换一边可以画出 2 毫米的线（适用于标注个别词语）。

冈特深信他的新款荧光笔将会大卖，不过他还忘了最后一件事：这款笔需要一个名字。必须要像它的造型那样独特，要能表现出这种笔的重要性，要简短，又不失气势。"波士（BOSS），思笔乐-波士乐（STABILO BOSS）"，这名字听上去很棒。实际上，冈特觉得这个名字听上去非常棒。他对这个名字情有独钟，决定不像公司其他产品那样给笔编上型号，就叫它"思笔乐-波士乐"。

至此，荧光笔的墨水、造型和名字都让冈特·施万豪瑟十分满意，是时候让它在世人面前亮相了。他很清楚，卖这款笔必须采用硬性销售的手段。人们已经习惯于用普通的笔在文本中标下划线，为什么要浪费钱去买一支特别的笔，做他们从未做过的事呢？他要卖的不仅仅是新款的马克笔，更是一种新的行为习惯。他采取巧妙战略，给 1000 个在德国颇有声望的人寄了试用品：商业领袖、大学教授、公司总裁，甚至是德国总理。每支笔都附有一封信。信中这样写道："它可以帮您简化工作，节省出宝贵时间去做更重要的事，它属于您的书桌。"全国上下的商业领袖知道这支笔是提高生产力的无价之宝后，他开始给中层管理人员和部门经理寄试用品。这批人若是能认可冈特对于荧光笔发展前景的构想，很可能下大订

思笔乐荧光笔

单。果不其然，确实如冈特所料。在思笔乐 - 波士乐发行前后，冈特·施万豪瑟没有任何侥幸心理。冈特后来写道："此后，没有任何一款产品像它一样思虑周全。"皇天不负有心人，思笔乐 - 波士乐成为史上最受欢迎的荧光笔。

波士乐荧光笔的成功让公司重新焕发生机，因而能在魏森堡（Weissenburg）新开一家工厂，专做塑料注模。有了新工厂，公司就可以尝试生产新款式的笔了。此前，他们把精力全放在研发新墨水和铅芯上，现在终于可以专注于人体工程学了。他们研究笔的手感，生产专供惯用左手的人使用的笔，专为儿童设计的橡胶握把。1976 年，因为波士乐荧光笔的成功，公司改名为施万 - 思笔乐（Schwan-STABILO）。

荧光笔足以保障施万豪瑟家族的荣华富贵，可惜它没能罩着早在 1963 年就推出第一支荧光笔的卡特墨水公司。后来，卡特墨水公司被丹尼森制造公司[1]（Dennison Manufacturing）收购。荧光高亮笔仍是艾利丹尼森公司的一种产品，在美国依然常见，不过，关于卡特墨水公司的东西所剩无几。丹尼森制造公司在收购卡特墨水公司的过程中，弄丢了公司的记录文档（包括早期的合同和那些没有及时完善的墨水配方）。

1963 年，荧光笔面世之后的最初几年里，各种款式的荧光笔都问题频出，也面临诸多挑战。其中，最棘手的挑战还是变动频

1　该公司后来和艾利国际公司（Avery International）合并，成为艾利丹尼森公司（Avery-Dennison）。

繁的办公及家用打印技术。每次出新墨水，或印刷技术更新时，就有新问题出现。对荧光笔制造商而言，没什么能比荧光笔墨水弄糊印刷文件更糟糕的事情了。有时候，为了避免这种灾难，生产商会事先提醒用户注意产品的使用限制。我在易贝上买过一盒S501F派通透视马克笔（See-Thru Marker），盒子上写着"不建议用于NCR复写纸（NCR指的是NCR集团研发的无碳复写纸）"，不过我最喜欢的是"透视马克笔"这个表述，它说明并不是所有的荧光笔名字里都要有"荧光笔"三个字。

思笔乐一直在设法跟上印刷技术的变化，2008年推出的思笔乐-波士乐-执行官款（STABILO BOSS EXECUTIVE）采用"受特别专利保护、采用特殊颜料的防洇墨水"，并且由"著名印刷企业利盟公司（Lexmark）检测推荐"，而有些人则试图彻底摈弃墨水，研制出绝不洇墨的荧光笔：一种让荧光笔隐形的体验。施德楼、鼹鼠皮、思笔乐及其他品牌都推出了"干性"荧光笔——能在纸上画出鲜亮醒目线条的粗芯荧光铅笔。此外，还有能在上面书写的透明荧光胶带。汉高1999年推出的这款胶带还有一个优点，那就是一旦不再需要这个标记了，就可以揭除。再近一点，百乐在可擦笔系列产品中增加了可擦荧光笔（FriXion Light）。

现在，文档不用打印出来就能标示高亮。微软Word的高亮工具特意"使文本看上去像是用荧光笔标注过"（毋庸置疑，默认颜色是黄色）。我们不再需要用荧光笔才能来高亮标注文本。一切皆有可能。

· 第十章 ·

我就这么黏上你了

"我就这么黏上你了，因为我是胶水做成的。"莫·塔克（Moe Tucker）在《我就这么黏上你了》（*I'm Sticking With You*）这首地下丝绒乐队创作于 1969 年的歌中唱道。歌词很巧妙，不过说得不太对。如果莫是胶水做的，那么她应该会"黏住"我，而不是"黏上"我。如果说有什么不同，那就是用"黏上"而不用"黏住"的话，我才是那个胶水做成的人，但我不是胶水做成的。差不多在莫·塔克说自己是胶水做成的时候，一家德国公司也在考虑这些黏糊糊的东西。不过他们考虑得更周全。

　　1967 年，德国汉高制造公司的研究员沃尔夫冈·迪尔里希博士（Dr Wolfgang Dierichs）搭飞机出差。他检票登机，找到座位坐好，系好安全带，等待飞机起飞。当飞机降落时，迪尔里希产生了一个将会改变世界的主意。飞行途中，他受到一个场景的启发：一位女士正细心地涂着口红。迪尔里希看着她，开始思考像口红那样的东西能否有别的用途。你可以借用那种设计：在细细的可旋转的管状容器里放一根固体胶棒。既干净，又方便。只需拿掉盖子，需要多少用多少。没有瓶子，没有刷子，只有一根胶棒。当然了，大多数人看见女人涂口红的时候，不会想到"试想，如果她现在往嘴唇上涂的是胶水"，不过迪尔里希在汉高颇具规模的黏合剂研发部门工作，有此联想我们也能理解。

在百特胶棒的官方档案中，迪尔里希的灵感与发明都被归功于飞机上那位女士，遗憾的是没说那位女士是谁。关于这个故事，他们公司的官网上有许多版本，新闻稿和公司的发展历程档案中都有，可一处也没提到那位女士的姓名。她是普通乘客，还是机舱乘务人员，无从知晓。关于她的描述仅仅是"一位女士"——有时候是"一位年轻的女士"，有时候是"一位美丽的女士"。爱挑刺的人可能会怀疑这位女士是否存在，甚至怀疑这个奇妙的点子到底是不是迪尔里希在飞机上想出来的。说不定，这个故事是在胶棒发明几年后，公司为了给整件事增加一抹浪漫色彩杜撰出来的。不过，我不是一个专门挑刺的家伙，我相信汉高。

1876 年 9 月，28 岁的弗里茨·汉高（Fritz Henkel）和两位同事在德国亚琛成立 Henkel & Cie 公司。起初，公司专卖用硅酸钠（又称"水玻璃"）制成的洗衣粉。虽然市面上已有同类产品，但汉高的洗衣粉更好用。汉高的洗衣粉事先已分装成小包，并非散装出售。两年后，公司开始卖漂白粉：汉高漂白碱，也是德国首个注册商标的洗涤剂。公司日渐兴盛，办了新工厂，聘用员工去全国各地宣传产品。公司的产品种类不断更新，越来越丰富；除清洁用品外，还有润发油、浓缩牛肉汁和散装茶叶。

在此后的一个世纪里，汉高公司不断扩大营业范围，最终确定三大主要领域："衣物清洁与家居护理"（包括各种品牌，例如 1907 年推出的 Persil 宝莹牌）、"美容及个人护理"（施华蔻洗发用品）以及"黏合剂、密封剂与表面处理剂"。最后一个就是迪尔里希工作的部门。汉高最早接触黏合剂是在一战期间。当时，包装物资用的胶水原料紧缺，于是汉高开始做实验，验证他们用来制造洗涤剂的原料能否用来生产胶水。

千百年来，人们用了各种各样的方式黏合东西。例如用桦树皮焦油把石片黏合在一起就成了原始的工具，2001 年，这样的工具在意大利被发现，应该是 20 万年前的古物。桦树皮经高温蒸煮，变成浓稠的胶状焦油；沥青也是早期用来制造石器的胶水；在南非有着 7 万年历史的西布杜洞穴（Sibudu Cave）中，有复合黏合剂的痕迹。这种黏合剂并非简单地使用沥青这样的天然物质，而是将代赭石与植物胶混合，把石片"装到"木棍上制成武器。代赭石能够使接合处黏合得更紧（纯植物胶十分脆弱，遇到撞击就会碎落），植物胶在潮湿的环境中也不容易溶解了。

弗洛伊德·L. 达罗（Floyd L. Darrow）在 1930 年写了一本关于胶水发展历史的书——《一项古老艺术的历史》（*The Story of an Ancient Art*），讲述了古埃及人用胶水做镶木家具的事。底比斯[1]有一面有着 3500 年历史的壁画。在画上，一口胶锅正架在火上加热，手艺人拿着一把刷子刷胶水。有人曾从墓中发掘出一些当时的家具，明显有用胶水进行黏合的痕迹，家具表面也有镶木。在 1904 年出版的《家具史话》（*The Story of Funiture*）一书中，阿尔弗雷德·克彭（Alfred Koeppen）和卡尔·布罗伊尔（Carl

---

[1] 底比斯：公元前 14 世纪中期的古埃及新王国时期的都城，古希腊诗人荷马称之为"百门之都"。

Breuer）写道："古埃及时期，人们就知道要给家具镶贴昂贵的薄木片，使普通的木家具增值。"克彭和布罗伊尔描述了古埃及人曾使用过的两种胶水：

> 常见的一种是用动物内脏和鱼泡做的木工胶，还有一种是用生石灰和蛋清或干酪素制成的胶水。

古埃及人发现，薄木片除了可以装饰家具，对家居构造也有好处——实木制成的家具镶贴薄木片后不易受潮变形。当时的家具能一直留存至今，可见古埃及木工工艺高超（我那摇摇晃晃的宜家书架就不可能那么长寿）。"历史研究表明，若非当时的人掌握了镶贴木片的工艺，这些美丽的家具根本无法保存，"达罗写道，"而在这种古老的技艺中，胶水的地位举足轻重。"

希腊人和罗马人也深谙制胶工艺之道。在《自然史》一书中，老普林尼将胶水的发明归功于代达罗斯（Daedalus），他描述了两种胶水：牛胶和鱼胶。不管在什么动物身上任取一小块，都可以提取胶原蛋白（这个词起源于希腊词语 kola，是"胶水"的意思）用作胶水中的胶质。老普林尼解释说："用牛的耳朵和生殖器制成的胶水最好。"鱼胶又叫"鱼鳔胶"（ichthyocolla），取自用来制作这种胶水的鱼的名字。老普林尼还描述了一种"普通的纸糊糊"，用"精细面粉加沸水搅拌，洒上几滴醋"制成，类似于如今小学课堂上用的那种用面粉与水和出来的糨糊。

尽管普林尼说代达罗斯用牛身上的一个部位制成了胶水，可与胶水制造联系最紧密的动物其实是马。上了年纪不能继续劳作的马被送去"屠马场"（knacker's yard，这个词可能源自 16 世纪的斯堪的纳维亚半岛，出自古挪威语 hnakkur 一词，意思是"马鞍"），并用来制胶。不过，没有任何证据表明，用马制作的胶水比用别的动物制成的胶水好用——它不是很黏。在英国和美国，马是用来从事劳动的，而不是养来吃的。因此，一旦它们不能继续劳作，不会变成盘中美食，而是另作他用。

罗马帝国陨落后，镶贴木片的技艺几近失传，直到 16 至 17 世纪才慢慢重生：1690 年，世上第一家做胶水生意的工厂在荷兰建成，他们用动物皮制造胶水。1754 年，彼特·佐梅尔（Peter Zomer）"从制鲸油的人认为毫无价值或没什么大用而丢弃的鱼块中，翻找出尚未解体的鱼块，挑出鱼尾和鱼鳍"，用来制造胶水。他是第一位为此在英国申请专利的人。因此，胶水生产有效利用了生产鲸油的副产品，既经济又环保。不过，佐梅尔自己也承认，这种胶水"不如用皮革屑制成的英国胶水"。

19 世纪末之前，胶水生产出来后只能在当地出售，主要是因为胶水的贮存期太短，经不起长途运输，等到售卖时就已经干涸。威廉·勒佩吉（William LePage）率先找到了解决之道。制造鱼胶时，他用碳酸钠清除了所有盐分，"之前，盐分一直是胶水制作中最大的障碍"。在那之前，人们会除去鱼鳞，而勒佩吉保留了鱼鳞，确保"材料优势，保留鱼鳞中对制胶水有利的特质，让胶水比去鳞后的鱼制成的胶水更加耐用，也更加黏稠"。勒佩吉的胶水生产出来后可以贮存数月，随用随取，而别的胶水使用前还要加热。

1849 年，勒佩吉出生于加拿大爱德华王子岛，后来搬去美国马萨诸塞州做锡匠，之后还当过化学研究员。当地的水产捕捞业发达，跟早年的佐梅尔相仿，勒佩吉用当地人弃用的副产品制胶水。勒佩吉公司成立于 1876 年，早期产品主要卖给当地的皮革品制造公司。1880 年，公司推出家用胶水。随后 7 年，勒佩吉公司在世界各地共卖出 4700 万瓶胶水。

1905 年，美国印第安纳州的弗兰克·加德纳·珀金斯（Frank Gardner Perkins）发现了用植物代替肉类和鱼类制胶的办法，成功制造出第一支植物制胶。几年前，珀金斯试图将木薯（南美洲的一种农作物）引进佛罗里达州，结果十分糟糕。可这种作物不适应佛罗里达州的气候，但在损失了 30 万美元之后，参与项目的"种植制品公司"（Planters' Manufacturing Company）投资人才认识到这一点。做木薯种植实验时，珀金斯发现，木薯粉受潮至一定程度时就会像胶水那样黏稠。既然没法种植木薯，珀金斯就进口木薯粉研制胶水。调配出满意的配方后，珀金斯立刻赶去"辛格制造公司"（the Singer Manufacturing Company），向他们介绍其胶水的优点，希望工厂采用他发明的胶水。

植物淀粉用于制胶已有几千年的历史，可从未用于家具制造业。辛格制造公司想测试一下胶水的性能。他们搜集了一批用珀金斯发明的胶水黏合的木柜，"放在要多恶劣就有多恶劣的环境中——锅炉上方、蒸汽机散热器后面、地下室里、特定温度的房间等地方"。这些木柜在恶劣的环境中放了一年多才拿出来检验。

幸运的是，胶水仍然黏合牢固。有了辛格公司的支持，珀金斯得以继续完善胶水配方。他从珀金斯 1 号开始，直到珀金斯 183 号，用了整整两年时间才得到了满意的结果。

尽管植物胶水的生产成本相对较低，勒佩吉也生产出了随用随取的液体胶，但是主导市场的仍是用牛和马制成的胶水。一战爆发后，物资紧缺，汉高开始用"水玻璃"（他们用在清洁产品中的硅酸钠）研制胶水。一开始，他们只是为了解决自家公司的包装问题，并未将此看作一次商机。研制进展十分缓慢，直到 1922年，公司才制出卖得出去的可靠胶水。起初，汉高专门做供油漆匠用的胶水，包括汉高干糨糊（Henkel-Kleister-Trocken）——一种可溶于水的干糨糊。20 世纪 30 年代，公司开始尝试用纤维素制造胶水。整个二战期间，汉高从未停止生产胶水，原先的工人被召去参战了，公司便用外国劳动力和战俘取而代之。战后，公司又开始研究合成树脂。

第一位靠合成树脂制胶赚钱的是一位来自瑞典的鞋匠亚历克斯·卡尔森（Alex Karlson），1922 年，他用合成树脂制成胶水。以前，彼特·佐梅尔和威廉·勒佩吉都用当地工厂丢弃的副产品制胶水，而如今卡尔森用的原材料也很容易弄到。他收集瑞典电影制片厂用剩的赛璐珞，加入丙酮制成多功能胶水。瑞典电影制片厂不仅为卡尔森的胶水提供了原料，还帮他宣传了产品。卡尔森的合伙人奥洛·克拉尔（Olow Klärre）非常隆重地向世人展示了公司的吉祥物——一头名叫皮波（Peppo）的驴。克拉尔用公司的广告横幅盖着皮波，挤进当地一支正在接受记者拍摄的游行队伍。这次游行的新闻纪录片在全国各个电影院播放。这算是游击式营销的诞生吗？

到了20世纪60年代，汉高生产出了一批成功的合成胶水和树脂，他们开始在美国扎根发展。1960年，汉高收购了标准化学制品有限公司（Standard Chemical Products Inc）。紧接着，1969年，汉高公司推出百特胶棒。短短两年时间，百特胶棒就卖到了38个国家，如今，已经卖到了120多个国家。百特胶棒年产量高达1.3亿支。产品发售至今，已卖出超过25亿支胶棒。汉高宣称："画出的胶痕连起来从地球出发，可以路过我们的卫星月球，然后走到火星，再回到地球。"

现在，百特胶棒的广告宣传形象是"百特先生"。百特先生是一支百特胶棒，不知道他是怎么活过来的，他也没有背景故事。彼得·帕克（Peter Parker）被一只遭受放射性感染的蜘蛛咬了，然后变成了蜘蛛侠；布鲁斯·班纳（Bruce Banner）受到伽马辐射才变成了绿巨人。而百特先生1987年凭空出世，诞生于曼彻斯特广告公司"波登黛尔海因斯公司"（Boden Dyhle Hayes，BDH）员工阿诺德·辛德尔（Arnold Sindle）的头脑中。百特先生的身体呈红色，就像国际版的百特胶棒（英国版的百特胶棒是白色包装）。不过，红色百特胶棒的盖子也是红色的，可百特先生的盖子是白色的。用"盖子"这个说法合适吗？那是他的脑袋。或者，这个盖子只是类似头盔的东西，他的脑袋藏在里面？我不清楚具体情况。抛开百特先生怪异的身体构造不谈，我们每次使用百特胶棒，实际上都是把百特先生那黏糊糊的脑袋往纸片上抹。

汉高胶棒

从 2007 年开始，百特胶棒的红色标签上都印了百特先生（直至 2011 年，英国的白色百特胶棒上才开始印百特先生），不过纽约"比奇包装设计"（Beach Packaging Design）公司的兰迪·鲁达瑟（Landy Ludacer）在官网上发现，"红色标签上，百特先生身着的是旧版的标签（而旧版标签上面没有印百特先生）"。如果他身上的标签也要更新，以求更准确地展示新版标签设计（正是印了百特先生才使得旧版过时了），那么我们就会陷入德罗斯特效应[1]的无限递归——百特胶棒上印着百特先生，而百特先生身上印着印有百特先生的百特胶棒，无限递归下去，没完没了。"当然了，"鲁达瑟也指出，"鉴于百特先生的下半身被裁出了标签，因此算不准到底能循环多少次。"

不过，百特胶棒并非市面上唯一的胶棒。迪尔里希的设想一变成现实，其他品牌也纷纷推出自己的产品，不过，没有哪家能与汉高百特胶棒的影响力相媲美。为了销售装在塑料管里的胶棒，人们花招百出。要么宣称自家的胶棒比竞争对手的胶棒更

---

1 德罗斯特效应：递归的一种视觉形式，指一张图片的某个部分与整张图片相同，如此产生无限循环。

黏，要么说自己家的胶棒更耐用。此外，还出现了在胶水中添加染料制成的彩色胶棒，干了之后颜色又神奇地消失了（"涂的时候是紫色的，干了以后是透明的！"）。在这样熙熙攘攘的市场中，你不得不佩服 UHU 公司淡定的表现，UHU 在宣传自家的 Glue Stic 胶棒时，只是简简单单地说他家的胶棒有"独特的螺帽设计，能防止胶棒变干"，即使防止胶水变干是胶棒封盖的基本功能。

1905 年，德国化学家奥古斯特·费舍尔（August Fischer）创办 UHU 公司。在那之前，他在布尔（Bühl）买了一家小化工厂。1932 年，费舍尔研制出合成完全透明的树脂胶水。此前的胶都是"多功能胶"，例如卡尔森的克里斯特（Klister）胶棒，而费舍尔配置出的是"万能"胶。它可以粘住任何东西，包括胶木这样的早期塑料（"UHU 更好粘"）这款胶棒的名字用的是拟声词，当时黑森林地区常见的鹰鸮昵称 ["不要叫它胶……叫它'哟——吼——（Yoo-Hoo）'"]。尽管与 UHU 胶棒对战的劲敌是百特胶棒，但 UHU 有一处略胜对方一筹。它有一款叫 UHU 胶水顾问（Glue Advisor）的手机应用（苹果手机和安卓手机都能下载）。用户可以选择两种材料，这款应用会告诉你用什么胶来黏合最合适。把天然珍珠和铅粘在一起？用 UHU 的 plus Endfest 2-K Epoxidharzkleber 胶水（可惜，虽然手机应用是英文版的，但产品名都是德文）。把软木塞粘在混凝土上？用 UHU 的 Montagekleber Universal 胶水。不过，胶水顾问也有无能为力的时候。有些时候，你想黏合一些东西，可是用胶水并不合适。你没法用百特胶棒把破碎的 20 英镑纸币粘在一起，包装礼物时也不能用胶棒。胶带，你需要胶带。

各种各样的胶带已经用了几个世纪。埃及人用亚麻布条浸泡灰浆制成丧葬面具。铅膏（diachylon）是一种由多种植物汁混合橄榄油及氧化铅而成的混合物。古希腊人将它抹在亚麻布绷带上当药用。托马斯·梅斯（Thomas Mace）在 1676 年出版的《音乐纪念碑》（*Musick's Monument*）或《纪念曾经存在于世的最佳实用音乐——圣歌和民歌》（*A Remembrancer of the Best Practical Musick, Both Divine, and Civil, That has Ever Been Known, to Have Been in the World*）一书中描述了制作鲁特琴的工匠在制造乐器时，用到了"大概几便士那么大的小纸片，并用胶蘸湿"。1845 年，纽约的威廉·谢伊卡特（William Shecut）和贺拉斯·戴（Horace Day）发明了"制造黏合剂、强化弹性树胶及其他材料以作药用的办法"，并为此申请专利。谢伊卡特和戴把黏合剂专利权卖给托马斯·奥考克（Thomas Allcock），后者将其作为治疗腰痛和其他疼痛的药膏来宣传。1887 年，强生公司（Johnson & Johnson）开始出售用氧化锌制成的左恩娜斯（ZONAS）品牌胶带。几年里，强生公司发现，这些胶带"除了用于手术，还有广泛用途。在家里、作坊、工厂以及旅行途中都能用，它在日常生活的用途简直无穷无尽"。这些用途包括：修复玻璃瓶和玻璃罐、给容器贴标签、修补图书［不过，把胶带的作用展示得最淋漓尽致的，是电视剧《加冕街》（*Coronation Street*）里的杰克·达克沃斯和他一时兴起展开的大规模修复工作］。尽管药用胶带用途广

216

泛，但它主要还是用于医学上。直到几年后，万能胶带才出现。

万能胶带是迪克·德鲁（Dick Drew）发明的。1921年，德鲁大学毕业后，直接进入美国3M制造公司，在实验室里检测"Wet Or Dry"防水砂纸的质量。拿砂纸去当地的汽车厂车间测试砂纸在真实环境中的使用情况是他工作的一部分。20世纪20年代初期，刷双色漆的车较受欢迎，要求两种颜色之间界限分明，因此，刷其中一边的时候，要把另一边遮起来。人们通常用胶水或者外科医用胶带把报纸贴在车身上。可惜，最后揭下报纸时，经常会扯掉底漆。有一次，德鲁拿着砂纸去一家车厂车间，看到漆工正小心翼翼地给汽车上漆，然后揭开遮挡的报纸，可是车身上刚刷好的一圈漆也连带着被揭掉了，工人十分挫败地叹了口气。德鲁告诉他，他可以生产出更好的胶带。而事实上，根据3M公司的历史记录记载："当他许下这个承诺时，他既无经验也不知技巧，甚至不知道生产胶带到底需要什么，但他有年轻人的乐观精神。"

德鲁回到3M公司的办公室，着手研制新胶带。尽管这跟他在公司的工作并无直接联系，但是3M公司员工之间相互鼓励的作风让他得以继续进行自己的实验。胶带既要好贴，又要好揭。同时还要有效防潮，防止油漆渗入弄脏车身。他从3M公司生产的"Wet Or Dry"防水砂纸所采用的防水胶开始研究。这种胶用的是植物油，尽管很容易除去，可会弄脏下面的车身底漆。几个月内，德鲁的团队就研发出一种结合了木胶和甘油的胶带。这种胶带很容易被揭掉，不会损伤车身底漆，可是牛皮纸衬背没有弹性，无法延伸，因而不适用于车身的弯曲部位。此外，一旦绕成卷，胶布就会缠成一团。拆开后就会发现，上一层胶布跟下一层胶布粘在一起。德鲁改用粗棉布做衬背，解决了这个问题，可是这样一来，生产成本就太高了。

德鲁的遮蔽胶带按卷出售，每卷 2 英寸宽，可是只有胶布的边缘部分有胶水（一边贴住车身，一边贴住报纸）。有件关于 3M 公司的逸事：有位汽车漆工抱怨 3M 公司的胶布只有边沿有胶水，太小气了，于是发问："为什么使用胶水这么'思高人（Scotch）'？"（这个观点传递的信息同时从两个文化层面上冒犯了苏格兰人[1]：不仅暗指苏格兰人吝啬，还把他们叫作思高人。）尽管"思高"这个词既仇外，又有语法问题，但还是保存了下来，成了 3M 公司的一大品牌。不过，德鲁对自己设计的遮蔽胶带还是不满意。直到有一天，他用皱纹纸做实验，因为纸张是皱缩的，有需要时可拉伸，材料自身也不会黏结。1926 年，德鲁设计的新胶带卖了 16.5 万美元（相当于如今的 220 万美元）。之后 10 年，胶带配方不断地改良。到 1935 年，胶带的年销售额高达 115 万美元（相当于如今的 1960 万美元）。

20 世纪 20 年代末，美国化学公司杜邦公司（Du Pont）推出了用于产品包装的透明玻璃纸。德鲁产生了一个"近乎白日梦的想法"，他想用这种材料做胶水的衬背，做出一种新的胶带。在设计出遮蔽胶带 4 年后，有家专做隔热材料的公司找到他。弗拉克斯赖讷姆公司（Flaxlinum Company）原本主要做房屋隔热材料，

---

1 苏格兰人：英语为 Scottish people。而 Scotch 一词在形容苏格兰人时有贬义。

但 1929 年他们接到订单，需要为火车上的冷藏车做隔热材料，这就需要能够完全防水的密封材料。他们希望思高遮蔽胶带能解决这个问题，可是皱纹纸材料做的衬背不能完全保护隔热材料不受潮。德鲁试了各种衬背材料，都找不到满意的解决方案。

不过，他的遮蔽胶带一直很畅销。在海上运输途中，为了保护胶带，3M 的一位工作人员建议用玻璃纸包装胶带。如果玻璃纸能够防止胶带受潮，或许可以用玻璃纸做胶带的衬背。不过，这个办法还是带来了一些附带问题，因为想做出平整的胶布也不是件简单的事。而且，一旦将胶水涂在玻璃纸上，透过透明的玻璃纸就会看到脏兮兮的琥珀色的胶水。差不多花了一年时间，3M 才做出透明胶布。不到 10 年，3M 的胶带部门年营业额就高达 1400 万美元（相当于如今的 2.3 亿美元）。尽管这款产品起初是为工厂和贸易行业而设计的，但后来推出的小卷家用透明胶带也刺激了销售的增长。新款的家用胶带是在经济大萧条时期发售的，时机恰到好处。乍一看，这不是发布新品的好时机，但这种胶带是修补旧书或其他家用物件的理想产品，迎合了简朴节约的顾客的需求。

不过，这款产品还有一个缺点。虽然衬里所用的材料和胶带上的胶水都有所改良，用起来还是有点不方便。用了一段胶带后，松掉的胶带截口就会立刻贴回胶带卷上。史蒂文·康纳（Steven Connor）在《日用品趣话》（*Paraphernalia：The Curious Lives of Magical Things*）中解释说，为了找到胶带的截口，人们得用指甲"当留声机的唱针，全身心投入地去听，感受那些美妙清晰的刻痕，最终又会回到那个透明胶带的顽疾"。即使找到了胶带的截口，还是要从胶带卷上扯下一段胶带，再用剪刀剪断。这个问题至今都没能彻底解决，在德鲁那个时代就更棘手了。德鲁一边说服顾客，告诉他们这款新产品物有所值；一边还得对付玻璃纸和不够完美的胶水。

3M公司曾经尝试生产胶带分割器，在人们扯出胶带并剪断时，将胶带卷固定住，可是松掉的胶带截口还是会消失不见，而且剪刀也是必不可少的。1932年，约翰·博登（John Borden，玻璃纸胶带部门的销售经理）设计出一款内置刀片的胶带分割器。刀片的形状使得切断后留下的胶带端仍留在刀片上，供下一次使用。后来，让·奥狄斯·赖内克（Jean Otis Reinecke）改良了这款胶带分割器。赖内克是工业设计师，此前在芝加哥的新包豪斯学院（New Bauhaus）任教，此后又为3M公司服务了20多年，并设计胶带分割器。1961年，下凹曲线形设计、卵石形底座的装饰胶带分割器模型C-15（Décor Dispenser Model C-15）发售，至今仍在生产。不过，赖内克最著名的设计是塑料的"蜗牛"造型胶带分割器，仅仅由两片塑料构成。赖内克的胶带分割器很便宜，里面的胶带用完后，可以连同胶带分割器一起扔掉。

在英国，压敏型胶带市场的主导品牌是赛勒塔普（Sellotape）。1937年，科林·基宁蒙思（Colin Kininmonth）和乔治·格雷（George Gray）在西伦敦阿克顿创立赛勒塔普公司。基宁蒙思与格雷从一家法国公司获取专利，使用天然橡胶树脂制成玻璃纸膜。当时，"玻璃纸（cellophane）"已经被人注册，于是他们就把"c"改成"s"，成立了"赛勒塔普"品牌。二战期间，人们用胶带封装口粮和弹药箱，还研发了宽幅胶带，用来保护窗户，减少轰炸造成的破坏。正如德鲁推出的胶带在经济大萧条期间很有市场一样，这款胶带因用途多样，便于修补家用物品，在战后的英国很快就畅销起来。当初，强生公司宣传自家的左恩娜思医用胶带时，说自家的胶带有多种日常用法。赛勒塔普也仿效其做法，做了个干净利落的转变，宣称它们的胶带为"现代包扎固定胶带——利落、干净、卫生"。20世纪60年代，赛勒塔普被英国包装联合企业迪金森·罗宾逊集团（Dickinson Robinson Group）收购。1980年，《牛津英语词典》收入赛勒塔普一词：

名词
【物质名词】注册商标
透明胶带。
动词
（赛勒塔普）【接宾语和副词】
用透明胶带固定或粘贴：
我门上用胶带贴着一张纸条。

尽管赛勒塔普胶带用途广泛，但其年销量约有一半要归功于圣诞节前的那三个月。每年的这段时期，公司都能卖出36.9万千米左右的胶带，因为人们要在这个重大节日到来之前，为亲朋好友细心包装好礼物。届时，人们撕开礼物，几天后再悄悄地拿回商店，换成别的东西。胶带很适合用来给亲朋好友包圣诞礼物，但用在别处就不太合适了。例如，在墙上贴海报时，如果用胶带贴会把墙面和海报都弄坏。如果用大头针，破坏力更大。这时，你就需要那种可以轻易揭除，不留痕迹的东西。

"原创可重复使用胶。"蓝丁胶（Blu-Tick）的包装上如此写道。"干净又安全，不会干涸。有上千种用途。"有上千种用途？我只能想出 4 种用法：在墙上贴照片；防止装饰品从架子上滑落；硬纸板被铅笔尖戳了个洞，用胶来贴层保护层；在办公室做个即兴雕塑。仔细看了一眼包装，我又发现了一些别的用途：

> 蓝丁胶可用来在墙上贴这些：海报、卡片、画作、装饰品、地图、留言条及其他众多物品；
>
> 蓝丁胶可用来在平面上固定这些：摆设、电话、相册里的照片、将螺丝钉粘在螺丝刀上、搭建模型或绘画时固定零件；
>
> 蓝丁胶：清除织物上的绒毛，清理键盘上的落灰。

这个简介让人产生一个疑问：如何定义"一项"用途？把海报、卡片、画作、装饰品、地图、留言条及其他众多物品贴在墙上其实只能算一种用途。我仔细看了波士胶（Bostik）的官网，它的宣传资料最终只能列出产品的 39 种用途。我写信给波士胶公司，请他们列出蓝丁胶的 1961 种用途。

几天后，我收到回复，对方解释说"上千种用途"这句宣传语从 2005 年开始使用，其中包括了一些比较特殊的用途：

剑桥大学联系我们，咨询胶的柔软度，因为他们用蓝丁胶固定昆虫足部。

莱斯特医院的耳科医生也曾咨询我们，说他教孩子们在手术后用蓝丁胶当耳塞，因为这样效果最好。我最近还看到过关于在实际耳科手术中使用蓝丁胶的报道。因此，仅仅在耳科方面，蓝丁胶的功能就很多样了。

我们曾与警方合作（对方主动联系我们），呼吁大家用蓝丁胶固定卫星导航，那样就不会在挡风玻璃上留下痕迹，小偷也看不到导航。

多次有人咨询我们，除了蓝色之外还有没有别的颜色的蓝丁胶，有人问我们有没有肉色的胶黏材料，因为她想在急救课上用来在假人身上固定东西。

波士胶公司偶尔也会推出其他色系的胶黏材料。蓝丁胶最初为白色，后来调成蓝色，因为人们担心儿童会把它当成口香糖误食。自1969年推出以来，这种蓝色的黏合胶已经成了家庭常备用品，波士胶公司每周在莱斯特的工厂生产100吨左右的胶。

蓝丁胶的发明是个意外。在用白垩粉、橡胶和油尝试研制新型密封剂时，人们发现实验中的一个残次品大有用处。究竟是谁做了那次失败的实验，又是谁发现这个残次品有用？这些就连波士胶公司的人也不知道。2010年，蓝丁胶发明40周年之际，莱斯特水星（Leicester Mercury）网站出现一则故事。"蓝色——怎么来的？"水星问道，"这是莱斯特最有名的出口产品之一，可谁也不知道到底是谁发明了蓝丁胶。如今，生产蓝丁胶的波士胶公司正准备庆祝这个产品诞生 40 周年的纪念，有人呼吁真正的发明者站出来。"

维基百科将蓝丁胶最初的发明归功于拉利·邦迪特（Rali Bondite）公司的艾伦·霍洛威（Alan Holloway）。这是一家位于汉普郡的密封胶公司。由于这个产品一开始没有什么商业价值，因此艾伦·霍洛威乐意供所有来办公室的客户随意观看。2007 年 11 月，维基百科添加了艾伦·霍洛威这一词条（不过没有引证）。汉普郡的滑铁卢维尔确实有家叫拉利·邦迪特的公司，可公司 1995 年就停业了，因此员工记录无处可寻。创建这一词条的维基百科用户 Coltrane67 此前从未创建过词条，此后也没有再创建任何词条。Coltrane67 是不是艾伦·霍洛威本人呢（或是近亲）？我们无从得知。如果你是 Coltrane67，或者是艾伦·霍洛威，请务必与我联系。

虽然蓝丁胶是英国最出名的胶水，但在世界各地的其他公司，还有很多类似的产品。1994 年，波士胶公司把赛勒塔普告上法庭，称赛勒塔普的蓝色赛勒胶（Sellotak）侵犯了他们的知识产权。尽管赛勒胶的包装用的是赛勒塔普的黄色带状图案，可波士胶认为，一旦除去包装，里面的蓝色胶体很容易与蓝丁胶混淆。在法庭上，波士胶的论点并没有影响法院的判决，不拆开外包装是看不见赛勒胶的胶体颜色的，所以在销售时，这两种胶水不会混淆。可是，虽然赛勒塔普赢了官司，但赛勒胶的销售惨淡。在美国，俄亥俄一家叫埃尔默的胶水制造公司生产出一款赤褐色胶水，叫埃尔默胶（Elmer's Tack）。UHU 公司生产的帕塔菲克斯胶（Patafix）畅销欧洲。在英国，帕塔菲克斯胶改名为白胶（White Tack），UHU 在胶水包装上称胶水有"上千种用途"。

我联系了 UHU 公司，请他们列出胶水用途，其公司代表回复如下：

> 我在谷歌上输入"上千种用途"，实际上搜到了 18 万个关于有千种用途的商品 / 服务的网站。我觉得这就是个通用的英文表达，形容产品的用途十分广泛。我们的 UHU 白胶 / UHU 帕塔菲克斯胶也是如此。

显然，这家公司忽略了一个事实：已经有一个可以用来形容产品用途广泛的词了——"Versatile"。

除贴海报外，胶水确实还有个用途，那就是用作创作艺术品的材料。2007 年，温布尔登的艺术家利兹·汤普森（Liz Thompson）用 4000 包蓝丁胶做了一个蜘蛛雕塑。这个 200 公斤重的雕塑被伦敦动物园列为展览品。马汀·克里德（Martin Creed）于 1993 创作的《第 79 号作品》稍稍逊色于汤普森的作品，但更容易在自己家里做出来。艺术家网站对它的描述是"用蓝丁胶揉捏，卷成球，然后在墙上按压。直径约 1 英寸"。《弗雷兹》（Frieze）杂志报道称："这个蓝色的黏糊糊的东西在暗示墙面可以支撑物品，它本身就是由墙面支撑的。"《太阳报》对它印象不怎么样，

2001年克里德获得透纳奖[1],《太阳报》称"透纳奖评委做了个差劲的决定"。

《太阳报》甚至质疑蓝丁胶的正常用途。2012年，珀斯－金罗斯（Perth & Kinross）[2]一家学校被私人物业公司告知"出于健康和安全的考虑，不能用蓝丁胶将儿童作品贴在窗户上展示"，因为"蓝丁胶中含有一种化学物质，会跟玻璃中的化学物质结合，导致玻璃碎裂"；针对此事，英国的健康安全局（Health and Safety Executive）在其官网的"流言终结者"板块发布了声明。健康安全局的声明总结道："无论是什么原因禁用蓝丁胶，都不可能是由于健康安全问题。厂家的官网说得很清楚，产品可以用在玻璃表面。我们找不到任何理由拒绝展示孩子们富有创造力的作品，它们应该供所有人欣赏！"尽管有这样的一个声明，《太阳报》还是报道说，有位教师"被好事之徒和安全白痴禁止在教室窗户上使用蓝丁胶，防止它们爆炸"。

我写信给米歇尔——波士胶公司负责蓝丁胶的产品经理。我想请他们给我寄一份产品包装上说的"上千种用途"的清单。数月后，她给我发了一封电子邮件，信中写道：

> 情况是这样的——蓝丁胶的魅力在于创造乐趣、挖掘创

---

1 透纳奖：Turner Prize，英国当代视觉艺术大奖，由英国泰特美术馆创立，是西方世界争议最大的当代艺术奖项之一。
2 珀斯－金罗斯：英国苏格兰的一级行政区之一。

意、激发想象。这就是我们所谓的"品牌"。要是我们为人们列出上千条使用建议，会毁掉产品的那种魔力。

我从来没考虑过蓝丁胶的"魔力"。米歇尔给我寄来的清单上列了蓝丁胶的 250 种用途（在波士胶南非分公司和澳大利亚分公司的同事的帮助下完成）。我没有看过清单，我想保存那份魔力。她还免费给我寄了一盒蓝丁胶，我把它放进书桌的抽屉里妥善保管。我永远不会打开它，这是我与米歇尔通信的特别纪念品。这倒是蓝丁胶从未出现在任何清单里的一种用法。

Chapter 11

· 第十一章 ·

冰箱门上的超文本

hypertext on a refrigerator door

1997 年，丽莎·库卓（Lisa Kudrow）和米拉·索维诺（Mira
Sorvino）主演了一部电影——《阿珠与阿花》（*Romy and Michele's
High School Reunion*）。影片中，罗米和米歇尔一起去参加高中同
学聚会。回到家乡后，她们发现自己的生活好像并非如自己想象的
那么风光，于是，二人决定伪装成事业有成的商人。罗米建议两人
应该说她们是开公司的，销售自己发明的产品：

> 我觉得必须是那种人人都听说过，但是谁也不知道到底
> 是谁发明的东西。天哪，我想到了——便利贴！大家都知道
> 便利贴是什么！

"对！"米歇尔回答说，"就是那种黄色的小东西，背面有斯
蒂卡姆胶（Stickum）的，对吧？"

可惜，她们没能让同学们相信便利贴是她们发明的。不过，
她们也认识到，自己还拥有这些老朋友。比起担心别人如何看待
自己，友情更加重要。最终结局很圆满，因为艾伦·卡明（Alan
Cumming）发明了某种橡胶。大概就是这样。

如果发明便利贴的不是罗米和米歇尔这两位虚构人物，那是

谁发明的呢？

1966 年，斯彭斯·西尔弗（Spence Silver）加入了 3M 公司，担任该公司研究实验室的高级化学家。在那之前，西尔弗在亚利桑那州立大学学习化学，然后在科罗拉多大学取得有机化学博士学位。他加入的团队之前一直在研制压敏型胶水。胶水既要能紧密黏合在物体表面，也要能够轻易地揭除，这样的胶水才有用。因为迪克·德鲁已经发现，成卷的胶带会黏结在一起，然后就没法用了。在 3M 公司 1968 年关于"胶用聚合物"研发项目的某项实验中，西尔弗改变了他正在研制的胶水配方，后来他是这样对《金融时报》解释的：

> 我加入了比规定量更多的化学反应物，使分子聚合。结果十分出人意料。产生的微粒没有溶解，反而在溶剂中分散开来。这个现象实在新奇，我开始进一步研究。

由于其形状特征，这些微粒会形成微小的球体，只能黏合住物体表面的一小部分，也就成了黏合度较低的胶。对一个意在生产出强力胶水的公司来说，这种胶没什么用处。此外，这种新胶水还是"不受控的"，也就是说，用这种胶水黏合两个表面，揭开后，胶水有时残留在这个表面，有时残留在那个表面，无法预料会变成什么样。西尔弗对这种新材料着了迷，坚信它必然有用武之地，只是暂时还不知道到底能用在哪儿。

3M 公司成立于 1902 年。成立之初，该公司名为明尼苏达矿业及制造公司（Minnesota Mining & Manufacturing），起因是矿产勘探员艾德·刘易斯（Ed Lewis）在明尼苏达州的德卢斯（Duluth）发现了一种矿物，他认为这是刚玉沉积物。刚玉是一种氧化铝，随着韧性金属用于研磨料生产，刚玉也变得更有价值。当地的 5 名商人（亨利·布莱恩、J. 丹利·巴德博士、赫尔曼·凯布尔、威廉·麦戈纳格尔以及约翰·德万）成立了这家公司，希望从刘易斯的发现中获利。

可惜，这个计划有两个重大漏洞。当他们还在商量着如何把刚玉做成砂轮和砂纸的时候，一个名叫爱德华·艾奇逊（Edward Acheson）的人已经研发出了一种可以代替刚玉的人工制品——金刚砂。如此一来，矿物大幅度贬值。第二个漏洞是，他们后来才发现，刘易斯一直以来的判断都是错的。他发现的只是一种低级的斜长岩，这种斜长岩与刚玉外表相似，但质地不够坚硬，不能用作研磨料。

他们没有意识到自己投资在德卢斯矿产上的钱实际上打了水漂，还着手建造了大型制造厂，用开采来的矿物制造砂纸。开采刚玉遇到困难后，他们开始改用石榴石。由于国内没有可靠的石榴石供应商，公司只能从西班牙进口次等货。1914 年，3M 公司开始接到顾客的投诉，说砂纸才用了几分钟，上面的研磨材料就剥落了。谁也不知道问题出在哪儿，检测过石榴石后，才发现其中含有某种油，导致生产出来的砂纸完全不能使用。调查结果显示，最近一次用轮船从西班牙运来砂纸的时候，船上还载有一桶一桶的橄榄油。海面波澜起伏，运输难度大，在这个过程中有几个油桶破损，渗漏进了石榴石中。有过这次经验之后，3M 公司认识到，他们要想办法来保证原料的质量。因此，1916 年，公司建立了第一个研究实验室。为了提高产品质量，他们也逐渐加大研发新型研磨料的投入。

1921 年，正在研发新产品的墨水生产商弗兰西斯·奥基（Francis Okie）致信 3M 公司，想要 3M 公司所用砂纸的细砂样本。3M 公司不愿意给潜在竞争对手寄样本，但又对他的信很好奇，便邀他过去面谈。奥基解释说，他想到了生产防水砂纸的新方法。3M 公司没有把细砂卖给他，反而买下了他的发明，并聘请他加入 3M 公司，在公司的新实验室里继续研究这款产品。后来，奥基的 Wet Or Dry 砂纸成了该公司第一个成功的产品，无意中就帮公司开拓了胶水业务。

在驱车前往亚利桑那州赴高中同学聚会的途中，罗米和米歇尔开始编造她们发明便利贴的过程。罗米设定两人原是广告专员，专门为客户准备报告。就在她们专心做事的时候，发现回形针用完了。罗米对米歇尔说："好。我说，要是有种东西，就像把斯蒂卡姆胶粘在纸后面那样，然后，我把它放在另一张纸上，它就会固定在那儿，那样的话不用回形针纸张也不会掉？"罗米在添加细节的时候，米歇尔似乎十分激动："然后你有个祖父或叔叔有造纸厂，他对这个想法很感兴趣，接下去就不用多说了。"在罗米的想象中，便利贴的发明过程十分简单：发现问题（罗米和米歇尔的回形针用完了），接着找到了解决方案（她们在纸头背面粘点胶水）。事实上，便利贴的发明跟这个简单的剧情恰好相反。斯彭斯·西尔弗后来写道："在我发明的过程中，总是有问题等着我解决。"

在此意外发明之后，西尔弗花了几年时间，试验了各种不同的配方，尝试了不同的想法，企图为这个特别的发明找到用武之地。他把这个发明拿去给同事看，甚至举行研讨会解说其特性。起初，他以为这种胶能以喷雾胶的形式出售——喷在用于临时展示的纸张或海报背面。然后他换了个思路又在想是否有可能做个大公告栏，上面覆一层这种胶，可以在上面贴短期有效的便条或通知。可是，这种胶的"不可控性"意味着它的用处有限——把海报贴上墙，揭掉的时候有可能会在墙上留下一块黏糊糊的痕迹。

3M公司的一位员工曾参加过斯彭斯·西尔弗为其黏合剂举办的研讨会，他叫阿特·弗赖伊（Art Fry）。弗赖伊在公司的胶带部门工作，他的工作职责之一就是设计新产品。工作之余，弗赖伊还是当地唱诗班的热心成员。听过西尔弗研讨会几天之后的一个晚上，他发现自己在练习赞美诗的时候十分有挫败感。他用来标记赞美诗集页数的纸条总是会掉下来，要是有那种弱性胶水能让他把书签固定住就好了。他又去找斯彭斯拿了点黏合剂样本，贴了一小条在纸条后面当书签用。果然有效，但会在书页上留下黏糊糊的痕迹。最终，弗赖伊研发了一种化学底层涂料，在往纸上涂胶之前先涂上这种涂料，就能防止揭除书签时把胶水留在书页上。他把这种书签拿给同事看，可他们没什么兴趣。有一天，弗赖伊在办公室准备报告。他想给上司写个便条，便拿了一张书签，匆匆写下几个词，贴在了报告的封面上。他的上司又拿了一张弗赖伊的书签，贴在一个需要修改的段落旁边，并写了几句自己的建议。见此情况，弗赖伊茅塞顿开，便利贴由此诞生。

3M 公司巧妙地渡过了一系列难关才得以幸存——最初以为发现的是刚玉结果不是、爱德华·艾奇逊发明了人工研磨料、浸了油的石榴石。3M 公司首次获得成功是因为生产黏合剂，而不是因为矿产，考虑到这些，所以它有如此深厚的创新文化也就不足为奇了。正因如此，本该研究砂纸的迪克·德鲁才得以研发自己的胶带；也正因此，西尔弗才可以花那么多时间在那无用的胶水上。3M 公司的"15% 原则"[1] 意味着员工可以在完成基本任务之余，花费一定时间研究自己的项目。3M 公司相信，这种创新自由会让员工有新发现，要是整天逼着他们赶任务、追指标，他们很难有什么新发现。公司还鼓励不同部门之间特长各异的同事相互合作。"在 3M，我们就是一堆创意。我们决不抛弃任何一个想法，因为你永远也不知道什么时候会有人需要它。"弗赖伊后来观察到了这一点。在便利贴的案例中，正是这样的创意带来了一个实用的产品。不过，尽管弗赖伊已经为西尔弗的胶水找到了用武之地，但这款产品在公司内部还是没有得到支持。

弗赖伊相信自己的想法可行，便在地下室着手制造生产便利贴的机器。他做出了一个能工作的样机，可惜，门太小，机器太大出不去。弗赖伊拆了门，又拆了门框，接着又拆了一部分墙，总算把机器弄出屋子，运到了 3M 公司的实验室。现在，他可以做出新产品的样品了，这是成功的关键。没有样品，便利贴永远不可能成功。

---

1 15% 原则：允许每位技术人员在工作时间内有15% 的自由时间，从事个人感兴趣的研究。

可问题是，他很难说服别人相信这款产品有用。如果没有亲眼见过或亲自用过便利贴，肯定感觉这个想法很无厘头。一张小纸片，一条边贴着薄薄的一层弱胶，这听上去没什么用处。可一旦你开始用它，一切就都变了。幸运的是，弗赖伊的老板杰夫·尼科尔森（Geoff Nicholson）相信便利贴会成功，并鼓励他继续努力。尼科尔森开始给 3M 公司各部门的人分发样品。在 3M 公司，分发样品是很常见的事，人们也会心怀感激地接受（人人都喜欢免费的东西）。可这一次，大家的反应不一样——尼科尔森的秘书都快被请求更多样品的要求淹没了。尽管如此，3M 公司的营销总监还是不相信便利贴的商业价值。人们有纸片可用，真的会花钱买这种产品吗？越来越多的人申请领取更多的样品，尼科尔森的秘书恼了。她问老板："你想要我做你的秘书还是样品分发员？"尼科尔森让她把申请转给营销总监。很快，营销总监也招架不住了，不得不承认产品拥有巨大潜力。

可惜，1977 年，产品最初的试发行期间，顾客就跟当初的 3M 公司的市场部一样心存疑虑。随手贴（Press'n Peel Note，当时的名字）在 4 个城市发售，但全军覆没。尼科尔森去了其中的一个试销市场，想去寻找原因。结果发现，人们要试用过样品后才会买。1978 年，在总裁卢·莱尔（Lew Lehr）的支持下，3M 公司的一支团队抵达了爱达荷州的博伊西市（Boise），展开了公司内部称之为"博伊西闪电"的活动，分发了无数样品。90% 的试用者都表示愿意买这个改名为便利贴（Post-it Note）的产品。这让 3M 公司对产品更有信心了，最终于 1980 年在全国范围内展开宣传活动。

便利贴的发行举棋不定，给 2010 年《天降百万》(*Million Dollar Money Drop*) 节目的制片人造成了困扰。他们问参赛者加布·奥克耶 (Gabe Okoye) 和布丽特妮·梅特 (Brittany Mayt)，以下的产品哪个是最早出现的——索尼随身听、苹果电脑和便利贴。奥克耶和梅特选择了便利贴，但被告知回答错误（随身听于1979 年上市）。网上嘘声一片，节目制片人把这两位参赛者请回节目，可他们还没来得及重回舞台，这个系列的节目就已经停了。

便利贴在全国发售后大获成功，此时距西尔弗的发现已经 12 年了。弗赖伊和西尔弗后来也被选入 3M 公司的名人纪念堂。如今，3M 便利贴系列产品有 16 种样式（包括页面标志、公告牌、绘画板），颜色多达几十种。罗米在向米歇尔描述她们俩发明便利贴的过程时，米歇尔有点生气。功劳好像全被罗米占了，于是罗米有了折中方案："好吧，那么，我们可以说你是设计师。也就是说，我想出了主意，但是你想把它们做成黄色的便利贴。"事实上，便利贴最初做成黄色并不是刻意设计出来的。就跟便利贴本身一样，那也是个意外发明。尼科尔森后来对《卫报》解释说是因为"实验室里刚好有些黄色纸片"。

尽管其他公司很快就推出了自己设计的类似产品（我最喜欢的是 SUCK UK 出品的开关便利贴——顶部中间有个小洞，可以套在电灯开关上），便利贴很经典。在《欲望都市》中，凯莉·布拉德肖约米兰达、夏洛蒂和萨曼莎见面，告诉她们自己跟男朋友分手了，她没有说"伯格用一张便条纸跟我说了分手"，她说的是用"便利贴"跟她分了手。要是罗米和米歇尔说她们发明的是"可粘贴便条",估计不会给人留下什么印象,必须得是"便利贴"。就像百特胶棒、赛勒塔普一样,便利贴不仅仅是一个通称,还是这类产品的术语。

便利贴吸引人的地方很简单,它能帮我们记事情。便利贴既可以贴在财务报告上,也能贴在柜门上,在办公室和家里都同样好用。它是一个看得见的提示,提醒我们买牛奶或是寄邮件。丹尼尔·L.夏科特(Daniel L. Schacter)在《记忆的七宗罪:头脑如何遗忘与记忆》(*The Seven Sins of Memory*:*How the Mind Forgets and Remembers*)一书中引用了全美记忆冠军蒂塔亚娜·库利(Tatiana Cooley)的话,她说自己在生活中其实很健忘。她承认:"我靠便利贴记事情。"

便利贴用法灵活,可以反复揭下来贴到别的地方,因此作家常常在构思故事情节时用它。2007年,威尔·塞尔夫(Will Self)在为《卫报》描述自己写作的过程时说,他的书"在笔记本中诞生,然后挪到便利贴上,再把便利贴挪到房间的墙面上"。写完后,塞尔夫会把那些便利贴从墙上再揭下来,收在剪贴簿里("我无法扔掉任何东西")。纽约现代美术馆建筑与设计展厅的负责人帕奥拉·安东内利(Paola Antonelli)在2004年"不起眼的杰作"展览中,称便利贴是"冰箱门上的超文本",由此可以反映便利贴的灵活性以及它可以把信息链接到一起的特征。

在努力让人们了解到便利贴的用处后,这种可粘贴的便条成了随处可见的东西,甚至出现在我们的电脑桌面上。微软 Excel

的"加注"功能是个黄色的小方块，而别的应用软件将之与可粘贴便条的联系表现得更加明显——不仅有 3M 公司自家的数字便利贴，还有苹果的便利贴（Stickies）以及微软的可粘贴便条（Sticky Note）。不过最常见的可粘贴便条还是最简单的那种——贴在显示器边缘的便利贴。

不过，仅仅强调便利贴的功能性好像有失偏颇。有时候，便利贴也可以成为艺术。2001 年，加利福尼亚艺术家瑞贝卡·默托（Rebecca Murtaugh）用几千张便利贴贴满卧室的每面墙，作为其《在 1 号房间标记有意义的空间》装置艺术作品的一部分。便利贴按照颜色分级；最原始的淡黄色便利贴用于价值较低的区域，例如墙面和天花板；比较明亮的霓虹色用在她最喜欢的领地。在《纽约时报》上评论装置时，默托说她被便利贴"迷住"了：

> 它们的颜色不一，都很好看。它们都有自己的用处，只是不同的人用法不同：有时是个便条，"我很快回来"，或者是一串电话号码。而对所有这些重要的事情而言，便条本身永远只是短暂的一瞬。尽管它承载着重要信息。因此这里存在着二重性：它是可以抛弃的，但它也是很有价值的。我想标记出一块空间，不是一本贴着便利贴的书，而是一个贴满便利贴的屋子。

尽管不再将它们用于最初的目的，但默托在后期创作中仍然使用便利贴。她说："我不想浪费它们。"

Chapter 12

· 第十二章 ·

日复一日，
纸上钉钉

a staple diet

几乎没有小说能像尼科尔森·贝克的《夹层楼》(*The Mezzanine*) 那样细致入微地描述现代办公室的陈设。在一个优美的章节中，没有交代姓名的主角在按下"压柄像雷龙的头一样的订书机"装订一沓厚厚的文件时，描绘了他即将进行的三个步骤：第一步，压下订书机，感受到"弹簧的阻力撑着订书机压柄"；接着是第二步，订书机的针口"压凹纸面，开始推压订书针，刺透纸面"；然后是最后一步：

> 整个过程中咯吱咯吱的感觉就像嚼冰块一样。订书针的两个尖端穿透到纸的背面，被订书机底座上的两个凹槽压弯，向内折合，就像螃蟹那样拥抱着你的文件，最终完全脱离订书机。

接着，这位主角描述了一个很多人都很熟悉的悲惨剧情：你"稳住胳膊，屏住呼吸"，却发现订书机里没有订书针。"怎么会有这样的东西，如此始终如一、变本加厉地背叛你？"乍看上去，订书针不是什么浪漫的物什，但贝克描述的这种被空订书机"背叛"的感觉说明：人们对这种东西有情感寄托。

它们很结实，这是原因之一。订书机有金属制的压柄和弹簧，比钢笔和铅笔的构造复杂得多。我们虽然搞不太清楚订书机的机械原理，但它们值得尊重。它们不是一次性的，而是可以重新装配好继续使用，因此比书桌上的其他物件都长寿（有些公司可能换台式机比换订书机勤快）。实际上，它们不仅比办公室的其他文具长寿，甚至可能比办公室的多数员工留得久。你会跳槽，但你的订书机不会跟着你跳槽。它回到文具柜里，等待新主人，准备建立一段新的关系。不过，有些时候，这种感情太过强烈，人们并不想因为终止合同而改变一些事情。2011年，蓝格赛（Rexel）公司调查发现，"最近，经济不景气，很多被裁掉的员工都把订书机带回家了，因为他们认为那是他们的私人财产"。

不过，说到对自己订书机的保护欲，估计谁也比不上1999年的喜剧片《上班一条虫》（*Office Space*）中的米尔顿（史蒂芬·鲁特饰）。他在银尼科技（Initech）公司上班，老板要把办公室的斯温莱因（Swingline）订书机全都换成波士顿订书机，米尔顿死死抱住他的红色斯温莱因订书机：

　　我要留着我的斯温莱因订书机，它还没怎么被使用过。我还要留着斯温莱因订书机用的那种订书针。他们要是拿走我的订书机，我就把这栋楼烧了。

事实上，这部电影拍摄的时候，斯温莱因并没有生产米尔顿拼命守护的那种亮红色订书机。斯温莱因现在是艾酷集团

（ACCO）旗下的子公司，最初由杰克·林斯基（Jack Linsky）成立，林斯基幼时从俄罗斯搬到纽约。14岁时，林斯基开始在一家文具用品公司工作。他接了一个批发订单，出差去德国的一家订书机工厂考察。在他看来，当时市面上的订书机还可以设计得更好，很多的生产环节可以采用流水线作业。但他无法说服任何德国生产商，于是开了自己的公司——派诺特快速扣件公司（Parrot Speed Fastener Company）。公司推出了一种"上装式装订机器"，"易操作，效率高"。机器设计合理，用户可以掀开订书机顶部，装入新的订书针，也可以把变形或损坏的订书针取出来。林斯基的妻子贝乐（Belle）建议将这款新型订书机命名为"斯温莱因"。1956年，因为这款订书机太受欢迎了，公司便改名为斯温莱因。

一直以来，斯温莱因除了生产普通的黑色和灰色订书机外，也生产过红色订书机（例如 Tot50 和 Cub），但是，当《上班一条虫》的制作设计师爱德华·T. 麦卡沃伊（Edward T. McAvoy）想找一个红色斯温莱因订书机时，发现它已经停产多年了。影片的导演麦克·乔吉（Mike Judge）想用亮红色的斯温莱因订书机，与大荧幕上格子间生活的单调灰色形成鲜明对比，可是这样的订书机已经不复存在。麦卡沃伊只好临阵磨枪。他打电话给斯温莱因，询问能否在他们的订书机上喷漆。他很幸运，斯温莱因公司同意了，双方皆大欢喜（尤其是对斯温莱因来说）。麦卡沃伊带了几个订书机去找一个汽修工，把它们全喷成了樱桃红。

电影刚上映时，并未引起轰动，但后来受到了热捧。粉丝都带着自己的订书机去找演员史蒂芬·鲁特签名，还着手打造自己

的喷色订书机。有些还去联系
斯温莱因公司，咨询能否买到
他们在电影里看到的那种红色
订书机。

斯温莱因 747 订书机

最后，斯温莱因于 2002 年
推出了鲜亮的樱桃红"里奥 747"（747 Rio）。新品发布后不久，
斯温莱因董事长布鲁斯·尼阿珀尔（Bruce Neapole）对《华尔街
日报》表示："我们在这个行业已经有超过 75 年的历史了，这一次
无疑是我们见过的最大的直接利益。"过去数十年，斯温莱因一直
生产中规中矩的黑色和白金色订书机，以求保住大公司的大宗订
单，而在里奥 747 大获成功后，斯温莱因突然发现了新市场，也
就是他们所说的"有表现欲的顾客"。如今，斯温莱因官网邀请
那些有表现欲的顾客把他们在特殊场合与订书机的合照发送给斯
温莱因。网页上写着"分享你的爱意"，旁边展示着图片：红色
订书机出现在树上、滑板车上、温泉边（最后有一张图片是订书
机在"喝着鸡尾酒"，这也意味着我出乎意料地找到了一个忌妒
订书机的时刻）。

斯温莱因于 1939 年推出的上装式订书机是现代订书机进化
史中关键的一步，它"让办公人员可以轻轻松松地按下一排订书
针"。不过，现在我们习以为常的上装式订书机是在订书针改良
之后才造出来的，尤其是粘在一起或是"像冻在一起"的订书针。
也正因这种订书针，尼科尔森·贝克笔下的主人公在被空订书机
"背叛"后，得到了一丝安慰：

　　打开订书机压柄，放进去一长排像琴弦一样的订书针。
之后，在打电话时，你可以把玩那些放不进订书机的订书针，
把它们掰成小块状。

　　不过，早期订书机并不用这样的订书针。那时的订书机每次
只能装一根订书针，每次使用都需要装新的针。1868 年，阿尔
伯特·J. 克莱兹克（Albert J. Kletzker）获得专利的那款机器被
认为是最早的订书机之一，他在专利申请中，将其描述为"回形
针"，不过它跟我们现在夹纸用的那种两端圆润的宝石牌回形针
完全不同，它像个造型恐怖的野兽。金属扣件向下按压在两个向
上突起、如同毒牙一般的尖端中间。纸张放在尖端上，用手柄将
纸向下压，尖端就变成订书机，可以刺透纸张。松开手柄，"用
手将扣件两端向内折合，然后再将扣件的两个尖端压进纸中，然
后向下压紧，装订完成"。这种设备其实是把现代订书机翻过来
使用——将纸张向下压，而不是把订书机压柄向下压。实际上，
在整个装订过程中，订书针或扣件本身完全是被动的。纸张向下
压时被尖端戳出两个洞，订书针的针腿需要人工折弯。最早能够
同时把订书针压进纸张并压弯顶端的订书机，是亨利·R. 海尔
（Henry R. Heyl）在 1877 年申请专利的那款。其工作原理没什么
变化，只不过订书针穿透纸张后，针腿会自动向内折弯。

　　尽管海尔的设计令人印象深刻，但首款销售成功的订书机是乔
治·W. 麦吉尔于 1879 年申请专利的那款（显然，他设计的订书机

比他那些五花八门的回形针更成功）。与早期设计不同，麦吉尔的机器将订书针向下压穿纸张，而不是把纸张往订书针上压。这样一来就可以"迅速连贯"地操作，无须二次按压。因此，这款机器成了有名的"专利属于麦吉尔的一压即可"。一压即可（Single Stroke Press）比早期的订书机更好用，但是，每次使用依然需要重装订书针。1877年，丹尼尔·萨默斯（Daniel Somers）设计了一种有"装针匣"的订书机，每次可以装一匣订书针。尽管这个设计明显优于麦吉尔的一压即可订书机，但是卖得没它好。

不管核心部件是木制的还是金属制的，早期这些带有装针匣的订书机用的订书针都很松散，装的时候容易卡住。渐渐地，它们就被成排装的订书针取代了——通常是用薄薄的金属片贴合着订书针脊部；按下压柄时，刀刃会把金属薄片切开，分出一根订书针。这很费力气，因此金属薄片很快就被胶水取代了。1924年，这种用胶水粘在一起的订书针首先用于波思迪奇（Bostich）1号订书机，从此以后基本没有变过。每根订书针都被削细了一点，因此排成一排时，会形成一个个小小的山脊——浅浅的沟部会用胶水填满，将这些订书针黏在一起。

在使用早期的订书机，往里面装新订书针时，一定要确保订书针与订书机相匹配，这一点很重要。现代的订书机使用的都是标准订书针，而在此前很长一段时间内，并没有真正的标准，不同的厂家生产不同的订书机，使用不同尺寸的订书针。这给零售商和顾客都造成了困扰。零售商要准备各种尺寸的订书针，顾客得想方设法找到自己需要的订书针。因此，渐渐地就出现了标准。1956年，蓝格赛公司推出蓝格赛56系列。该系列产品包括价格不一的各式装订机器，不过全部采用统一订书针。这套产品简单好用，迅速占领市场，至今仍是市场的领军品牌。

订书针的尺寸由两个数字决定——线规（通常是26或24）和订书针的"柄"或腿（通常是6毫米）。办公室最常用的是26/6（也叫作56号，因为这是蓝格赛56系列所用的订书针）。虽然有了标准尺寸，但是订书针的质量良莠不齐，因此订书机上会印有警示（"本机只适用'Brinco'正品订书针，用其他订书针可能会卡住"或是"仅在使用蓝格赛46号小订书针的前提下保证质量"）。这是个经典的鱼和熊掌不可兼得的游戏，产家试图吓唬顾客，不让他们用竞争对手的订书针，同时又想把自己的订书针卖给使用竞争对手订书机的客户。订书针盒子上会标明适用的订书机："适用于维洛斯精灵订书机（Velos Sprite Stapler）/维洛斯速钳（Jiffy Plier）/小彼特（Liitle Peter），快速斯温莱因（Speedy Swingline Tot）/塔特姆小兄弟（Tatem Buddy Junior）。"

在波思迪奇胶黏订书针出现之前，早期机器使用的订书针比我们现在用的订书针粗一些。把它们拔出来跟把它们戳进去一样难。可是，直到纤细的订书针普及之后，才有了移除订书针的方法。原因之一可能是早期订书针太粗，要用钳子才能拔得掉，那时候钳子已经被发明出来了；而纤细的订书针看起来好像用手就能拔出来，只需要把指甲塞进订书针一端的下面就行了。但我们试过后会发现，那样会弄伤手指，不太可行。

1932年，芝加哥的威廉·G.潘科宁（William G. Pankonin）

为他发明的"移除订书针的工具"申请专利，人们这才能"快速移除订书针或类似扣件而不损坏纸张"。这个设计类似于一把小钳子：钳嘴尖穿过订书针，把起钉器往上抬，订书针的针腿就会"穿过"文件底部的纸张，拔出来的时候变成直的。后来的设计，例如弗兰克·R.柯蒂斯（Frank R.Curtiss）于1944年申请的专利，都接近于我们如今熟悉的起钉器。它有两个握柄，狼牙般的钳嘴。自打有了起钉器的基本概念，之后的数十年内产品设计都没什么变化。

我的桌面上陈列着我收集的一些订书机，大致按时间先后排列着。在过去的一个世纪里，每10年就有一种新的起钉器。看着它们，你看到的是一个世纪的文具设计的缩影。文具变得越来越扁平、轻薄，颜色更加鲜亮，轮廓曲线也更加优美。但如果你收集的是起钉器，你可能什么就也看不到。订书机好像需要紧跟潮流，而起钉器则无须担心这一点。订书机因为很常用，所以你希望它们被放在伸手可及的地方，比如书桌上。它们就在你的眼前，所以看起来要美观；而起钉器比较小，也不太常用，一般放在书桌抽屉或是文具柜子里。偶尔会有心思奇巧的生产商可能想突出起钉器的尖牙，于是将起钉器做成鳄鱼或蛇头的时尚造型，但这些造型在气氛严肃的办公室里似乎不太协调。

有个办法能让人抛弃起钉器，那就是订文件的时候不要用订书针，而用大头针。订书针的针脚通常往里弯，这是固定文件最妥帖的办法。翻过砧面（订书机底部往往有一个小小的钮状物）可以让订书针的针腿向外弯，那样几乎就成了一个笔直的大头钉，用手指就能轻松地移除。可对有些人来说，仅仅只有针腿向内弯或向外弯两个选择是不够的。除了起钉器之外，威廉·潘科宁还发明了订书机砧座，为用户提供多种选择。1934年，他发明了"供装订设备使用的砧座"，适用于标准的双向砧座，由两个独立的定位轴或"针座"组成，每个槽中卡入一根针腿。定位轴可以旋转，形成不同的角度。可以一根朝内，一根朝外，掰出"钩形订书针"；也可以一根朝前，一根朝后，掰出"Z形订书针"。用户有选择余地，要么订书针针腿相对（就像传统订书机用的那种），要么针腿向外弯（结果就是像他所说的那种"细长型订书针，易于拆除"，使得20世纪30年代那个订书机专利申请听起来像是系列电影 Carry On[1] 里面的台词）。尽管这款设计令人印象深刻，但是好像也逃不过它完全没意义这个现实。

标准的26/6或者24/6案头订书机已经能满足基本的办公需要，但有时候，你还是希望有更加硬核的订书机。你需要更强劲的动力。早期的电力订书机，比如波思迪奇电磁扣件机型4（1937年申请的专利），仅仅是一个连在马达上的铁臂，能够压在"标准的案头订书机上"，通过脚踏板控制。1956年，标准的波思迪奇案头订书机还在，但是只要将纸张放在"敏感的接触式开关"下，触动开关就可以自动装订。现代的办公用或家用电动订书机最多能够一次性装订70张纸，其特别设计的储针盒里可以放下

1　Carry On：从1958至1992年间30余部系列英国喜剧电影的合称，中文译名大多为《……嬉春》，如 Carry On Screaming《猛鬼嬉春》等。

5000多根订书针。

介于电力订书机和标准手动订书机之间的是"省力型"订书机，例如订纸专家 PaperPro Prodigy。借助弹簧，订纸专家用起来比标准的订书机省力得多（公司声称订纸专家装订 20 张纸只需要 7 磅的力道，而标准订书机需要 30 磅）。2005 年，出产订纸专家的艾森特拉（Accentra）公司总裁托德·摩西（Todd Moses）对《时代周刊》杂志说："你用一根手指就能订好 20 张纸。""你甚至可以用小拇指。"这些话听起来很吸引人，但不是所有人都相信。斯温莱因的副总裁杰夫·阿克伯格（Jeff Ackerberg）对《时代周刊》杂志说："让订书机更好用是正常需求，但是没必要非用小拇指。"

没必要非用小拇指，那到底有必要用订书机吗？现在有一种避免浪费的环保型无针订书机，只需"打穿并折叠纸张，不需要金属订书针"（文件被切开一个小口子，并折到纸张底部），不过，实际上这个概念在 100 多年前就出现了。威斯康星州拉克罗斯的乔治·P. 邦普（George P. Bump）曾于 1910 年为他的设计申请专利，他设计的东西可以通过"压穿层叠的纸张，形成一个纸舌，然后将其折回，穿过纸面的孔打结，从而用纸张自身的纸舌装订纸张"。如今，这个想法是为了拯救地球，而在当时是一种省钱的方式（"'实用'对阵'自律'。政府提倡节俭。政府也买'邦普'订书机。为什么？不论从实用角度来看，还是从自律的角度来看，'邦普'订书机都是节俭的同义词"）。幸运的是，我们生活在一个不太需要担心经济压力或政府工作效率的时代。

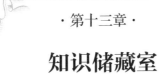

· 第十三章 ·

知识储藏室

> 我决不接受被逼迫、归档、标印、索引、概括、介绍或者编码。我的生活由我做主。

这是电视史上最伟大的辞呈之一。电视剧《囚徒》(*The Prisoner*)的第一集中,帕特里克·麦高汉(Patrick McGoohan)走过一段长长的地下走廊,冲进老板办公室,把辞呈摔在桌上,重重地捶了一下桌面,打翻了一杯茶(捶得太重,茶托都碎了)。电闪雷鸣的音效只不过增强了场面的戏剧性。麦高汉开着他那黄色的莲花赛威(Lotus Seven)跑车离开时,他的照片被打上一连串的 × 号,一个自动归档系统把他的登记卡扔进文件柜上一个标记着"辞职"的抽屉里,那样的文件柜堆满了一个大大的房间。尽管这个设备令人印象深刻,一排排灰色金属文件柜一眼望不到头,但与特里·吉列姆(Terry Gilliam)的作品《巴西》(*Brazil*)里的"知识储藏室"比起来还是小巫见大巫了。储藏室满是"摩天大楼似的巨型文件柜",储存着"所有的知识、智慧、学问,每一种经验和思想都被分门别类,放得井井有条"。

现实世界中,与知识储藏室规模最接近的是萨缪尔·耶茨(Samuel Yates)的作品《无题:名爵小步舞曲》(*Untitled-Minuet in MG*）。这尊雕塑是耶茨于 1999 年创作的，雕塑由一个 7 层文件柜塔组成，装着"一辆 1974 年的名爵（MG）小型跑车。这辆捐赠的跑车经过切割、粉碎、拍照、装袋、贴标签、编码后，从重到轻进行归档"。这座高达 65 英尺的雕塑创下"世界上最高的文件柜"吉尼斯世界纪录。耶茨用来创作雕塑的 15 个文件柜由 HON 公司提供。HON 公司成立于 1944 年，原名为 Home-O-Nize[1]（大概是关于"家庭和谐"的双关语，但双关得很拙劣，你甚至会想这个双关是不是故意设置的），创办人是工程师马克斯·斯坦利（Max Stanley）和他的妹夫，广告经理克莱姆·汉森（Clem Hanson），以及工业设计师 H. 伍德·米勒（H. Wood Miller）。起初，他们计划为美国的退伍军人提供工作，Home-O-Nize 出售容易生产的商品，例如杯垫和食谱盒。1948 年，公司引进了一批文件柜，开始转向办公用品行业。到 20 世纪 50 年代初，公司的销售额达到 100 万美元，如今，HON 公司（现为 HNI 国际集团）已成为全球第二大办公家具制造商。

尽管规模庞大，但 HNI 国际集团在英国并不出名。如果耶茨在英国创作一个类似的雕塑，那他很有可能用的是比斯利（Bisley）文件柜。1931 年，弗雷迪·布朗（Freddy Brown）创办比斯利公司，以靠近萨里郡沃金镇的比斯利镇命名。起初，弗雷迪专注于汽车修理，但 1941 年，公司开始为空军生产空投物资的金属容器。为了满足生产需求，公司搬到了一个更大的工

1　Home-O-Nize：家——噢——太棒了！看上去像 Harmonize，即"和谐"。

255

厂。一旦战争结束，市场对空投物资使用的大型金属容器的需求可能会锐减。幸运的是，一家名为标准办公用品（Standard Office Supplies）的批发商联系到他们，询问是否能转而生产金属废纸箱。随后几年，公司开始着重生产办公用品。1963年，公司放弃了汽车修理方面的业务。

1960年，弗雷迪的儿子托尼加入公司。弗雷迪有5个孩子，但只有托尼喜欢经商。1970年，弗雷迪退休，托尼接管公司，他用40万英镑买断其他家庭成员的股份。托尼进一步将公司推向办公家具市场。接下来的几年，设计团队（由伯纳德·理查兹带领）开始生产简单的金属文件柜，后来成为公司最著名的产品。滑动装置中的滚珠轴承意味着抽屉能平滑地开合，同时可伸展的金属滑条能实现"100%的延展"。尽管在欧洲，比斯利公司的文件柜销量远超其他文件柜品牌，但它的种类并不算多。多样的色彩让比斯利文件柜隐身于各种办公环境中：传统办公室可用柔和的色调，更富挑战性的工作场所则用明亮大胆的色彩。《卫报》设计评论家乔纳森·格兰西（Jonathan Glancey）说，比斯利文件柜"就像吉福斯（Jeeves）和伍斯特（Wooster）[1]时代的英国男管家一样谨慎、小心"。

我们今天所用的立式文档系统发展于19世纪90年代，在那之前，收到的邮件经过处理，折叠后存放于职员办公桌上方像鸽

---

[1] 吉福斯和伍斯特均为 P.G. 伍德豪斯著名系列小说中的人物。书中的主角是迷迷糊糊的英国绅士伍斯特和他聪明机灵、花样百出的男仆吉福斯。

笼一样的分类架中。每封信的摘要、接收日期及寄信人的详细信息都会写在折叠的信件外面，然后归档。因为19世纪中叶以前的通信水平普遍较低，这种系统在当时能适用。然而，随着工业化发展以及电报、铁路和邮政改革，多种事物的结合让通信和远程经商更加便捷，成本也更低廉，从而使规模更大的公司进一步发展，而不同政府部门之间的联系也日渐增强。凸版复印机和化工颜料使得对外通信的复制更加快捷（不用再手抄信件）。随着对外通信成本的降低，通信数量随之增加，像鸽笼那样的分类架储藏系统便不够用了。

19世纪下半叶，平面存档得到了发展。平面存档不需要再折叠信件、整理摘要，储存和检索都更加便利。转向平面存档的第一步就是简单地将收到的信件装订成册，但这很快就被文件盒取代。文件盒"由一个盒子构成，盖子像书一样可以打开，里面有25张或26张马尼拉纸。盒子一侧固定着字母选项卡，信件就夹在纸张之间"。信件没有固定在文件盒中，重新排列很容易，因此这个系统比之前的归档方法更为灵活。虽然平面文件比先前的分类架系统更方便，但若要处理文件盒底部的文档，意味着仍要把上面所有的其他文档都抬起来。这绝对不算是理想的方法。

1877年，詹姆斯·香农（James Shannon）设计出香农文件夹，"一个信纸尺寸的小文件抽屉，活页文件夹般大小。与抽屉不同的是，这种文件夹只有底部和正面"。它没有侧面，"由于文件归档形成拱形，侧面是不必要的"。在香农最初的设计中，拱形金属丝的尖角可刺穿文件，但后来出现了"能根据数字和接收线

看农文件夹

的位置切出洞眼边缘整齐的钻孔机"（也就是打孔机）。约同一时期，基于类似概念的归档系统在德国发展起来。1886年，弗里德里希·索奈肯（Friedrich Soennecken）设计了一款扣眼活页夹和一种打孔机，并获得了专利。10年后，路易斯·莱茨（Louis Leitz）发明了杠杆臂文件夹装置。

　　不过，在打孔机被发明出来以前，要让扣眼活页夹和杠杆系统能创造收益，那么打孔的位置和间距就得有统一标准；如果我的打孔机不适合你的扣眼活页夹，那我们还是放弃吧。ISO 838标准（"用于一般归档的文件 - 孔眼"）规定了"纸张或文件孔眼的尺寸、间距和位置，以便让它们能在常规文件夹中归档"。根据ISO 838标准，"一般而言，孔眼应匀称地分布在纸张或文件的轴线上，垂直于孔眼的轴线"。孔眼中心间距应为80毫米，孔眼的直径应为6毫米，每个孔眼的中心距离纸张的边缘应为12毫米。下载说明ISO 838标准的PDF文件需要26英镑。这26英镑只是告诉你如何使用打孔机而已，还不如用这些钱去买一台能同时给40张纸打孔的高端瑞克835（Rapesco 835）打孔机。

　　为了保险起见，还可以增加一些孔（同样是以80毫米的间距），一张A3纸可以和A4文件一起归档，只需简单地沿着短边打孔，然后对折。事实上，A7 及以上的纸张都可以用同样的系统归档。美国人拒绝使用 A 系列纸张，自然也就拒绝了 ISO 838 标准。他们使用的是与世界其他地区皆不相容的三孔系统，操作的灵活性也差了很多。美国人可真会干活。

埃德温·G. 塞贝尔斯（Edwin G. Seibels）早在 1898 年就发明了立式文件柜系统。塞贝尔斯是塞贝尔斯 - 埃泽尔公司（Seibels & Ezell）的合伙人，那是他父亲创立的一家位于南卡罗来纳州的保险代理公司。当时仍然通用的分类架系统效率很低，塞贝尔斯十分不满。他觉得，如果将信件平放进大信封里，然后立起来放在抽屉中，而不是将信封折叠然后做摘要，效率会更高。他联系了当地的一家木材加工公司。在他的指导下，木材加工公司制作了五个木柜。可当塞贝尔斯想申请专利时，他却失望地发现专利没法保护这种柜子：

> 有人指出，只要简单改变一下大小，就能制造出不侵犯我专利的文件箱。很不幸，我忽视了让信封直立以及用指示卡将信封分类的部分所起的作用。这种装置本应受专利保护。

虽然塞贝尔斯文件柜很接近现代的文件柜，但早在 19 世纪 70 年代，就已经有人想出了垂直存放文件的做法。当时，随着杜威十进制分类系统（Dewey Decimal system）的发展，卡片索引文件法被引入了图书馆。1876 年，麦尔威·杜威（Melvil Dewey）发明了杜威十进制分类系统。世界各地的图书馆用户都熟悉这一方法，毫无疑问，他们都有自己偏爱的数字分类系统（我偏爱的是 651-办公室服务）。很快，索引卡片目录和杜威十进制分类系统一起被用作检索工具；卡片用带标签的分隔卡分类存放在柜子中，用户能轻松找到某本书或某份文件的位置。

索引卡片目录灵活好用，这多亏了 18 世纪瑞典博物学家卡尔·林奈（Carl Linnaeus）发明的动植物双名命名法系统。发明动植物种类分类结构时，林奈遇到了两个看似矛盾的要求：既要把物种以某种顺序分类，又要能够将新物种纳入该分类中。他的解决办法是用小卡片（大小类似今天用的 5 英寸 ×3 英寸的索引卡片）。

索引卡片让信息的重新排列变得简单，而且可以随时加入新的信息。这样一来，它们不仅仅对创建目录或整理文件有用，对于任何创新过程都有助益。1967 年，弗拉基米尔·纳博科夫接受《巴黎评论》的采访，他在描述自己的工作系统时说："事物的形态比事物本身更重要，我会从随意选择的一个空格开始，完成全部的填字游戏。我把这些点滴记录在索引卡片上，直到完成整部小说。我的日程很灵活，但我对工具很挑剔：排列整齐的布里斯托尔卡片（Bristol cards）和削好了的、笔芯不太硬而且带有橡皮的铅笔。"

虽然带标签的分隔卡片为整理一套索引卡片提供了一种简单的方法，但旋转式卡片架（Rolodex）转起来时发出的呼呼声更让人满意。1950 年，布鲁克林的奥斯卡·诺伊施塔特（Oscar Neustadter）发明了旋转式卡片架。诺伊施塔特的西风美国公司

（Zephyr American Corporation）之前发明过 Swivodex（一种防溢墨水瓶）和 Clipodex（一种秘书用来别在膝盖上、有助于做笔录的工具），但这些都没有变成成功的商品。诺伊施塔特的自动检索电话簿影响更大（至今仍在出售），但后人记住他是因为他发明了旋转式卡片架。1988 年，诺伊施塔特回忆道："我和我的工程师希道尔·尼尔森（Hildaur Neilson）一起钻研这个想法。他建了一个模型，然后我们开始制作样品。我知道我的主意很好，但一开始，人们都心存疑虑。第一个样品看起来像他们至今还在生产的钢铁架。它的封面可以翻动，还有钥匙和锁，同一把钥匙能打开世界上所有的旋转式卡片架。"

虽然旋转式卡片架适合对写在小卡片上的通信信息进行快速分类，但它可能不适合用来做更大文件的归档系统（这个主意可能很吸引人，但我认为一个 A4 大小的旋转式卡片架并不切实际）。文件柜是更好的解决工具。

在同样大小的空间里，立式文件柜能比老式的平面归档系统储存更多东西。1909 年，一家文件柜公司打出广告，声称他们的系统效率提升了 44%，还能节省三分之一的人力成本。侧面悬挂式文件夹的引入进一步提高了效率，可以把文件收集在纸质吊架中。

但对许多人而言，他们最常用的还是电脑里的那些文件夹和档案夹。尽管电子归档在空间上有明显的优势，但也有风险：随着旧格式被淘汰，长期的储存和检索变得复杂。人们需要将数据从一个媒介转移到另一个媒介，防止数据陷入一种过时的格式中（我所有得 A 的课堂作业都被保存在一系列 3.5 英寸的软盘上，即使我买了一个 U 盘，或者硬盘损坏无法读取，我也不会扔掉它们）。在关于"长期备份"的文章中，今日永存基金会（Long Now Foundation）的凯文·凯利（Kevin Kelly）将电子文件与纸质文件的寿命进行了比较：

> 纸张本来是一种备份信息的可靠方式。虽然纸张可能被烧毁或者溶于水里，但质量好的中性纸可以保存很长时间，存储成本低而且不受科技发展的影响，因为纸张是"肉眼可见的"。不需要特殊的仪器。制作精良、保存良好的纸张很容易就能存放1000年，没有其他问题的话可以存放2000年。

也许，最安全的长期存储系统是简单地将电脑里所有的内容打印出来，然后塞进文件柜，但是这会占用很多空间。1GB 的内容要用大约 65 000 页微软文档显示，而一台很便宜的笔记本电脑通常有至少 500G 的硬盘——即使双面打印，也要用很多纸，使用效率提升 44% 的立式归档系统也不能节省太多空间。在某种情况下，你需要将它在其他地方存档。

1913 年，美国政府颁布新法，要求企业保存用于征税的书面记录。之前，每家公司关于文件留存时间都有自己的政策，但新法使得全美国的文件记录保存规范化。在芝加哥，一个叫哈里·L. 范罗士（Harry L. Fellowes）的年轻裁缝工作的地方，隔壁是沃尔特·尼克尔（Walter Nickel）家的商店。尼克尔出售专为归档书面文件设计的可折叠式存储箱。1917 年，尼克尔应征入伍，范罗士以 50 美元（大约相当于现在的 920 美元）的价格买下了尼克尔的存货。他轻轻松松地就卖掉了那些箱子，在战后生意越来越好。尼克尔退伍后重新加入范罗士的公司，两人扩展了产品范围，引进了听起来有点爱国意味的自由盒子（Liberty Box），还有银行家盒子（Bankers Box）。如今，世界各地的办公室里依然常见那种深色木纹图案的范罗士 R-Kive 盒（Fellowes R-Kive box）。然而，尽管全世界有 100 多家公司都在销售这些盒子，但有些人对它们并不满意。

乔恩·容森（Jon Ronson）于 2008 年制作的纪录片《斯坦利·库布里克的盒子》（*Stanley Kubrick's Boxes*）探索了库布里克档案室中几千个盒子里的内容。一个大仓库里，摆满了一排排的架子，架子上放着成百上千个木纹图案的 R-Kive 盒子，里面装着库布里克拍摄电影用的位置照片和研究素材（库布里克是一位狂热的文具收集者，经常去当地的莱曼文具店添置文具，所以有些盒子

范罗士 x-vive 文件盒

标签上只写着"绿色笔记本"或"黄色索引卡片"）。然而，很显然库布里克对盖子越来越不满：盖子太紧了。库布里克的助手托尼·弗雷温（Tony Frewin）联系了位于米尔顿·凯恩斯的盒子生

产厂家 G. 莱德公司（G. Ryder & Co. Ltd），确定了他认为适合储存盒的内部尺寸。在给公司的备忘录中，他写道，盖子"不能太紧也不能太松，要刚刚好"。莱德生产的盒子如下：

> 文件编号：R.278
> 类型：黄铜丝装订盒，带有三角形抓手的全翻盖（盒盖）。
> 成分：1900 微米（0.08 英尺）双面牛皮纸盒用纸板。
> 尺寸（内部）：16.25 英寸 ×11 英寸 ×3.75 英寸（R.278）。

在一次运送盒子的过程中，托尼发现了一张内部备忘录，是 G. 莱德公司的员工无意中落在一个盒子里的："挑剔的顾客——请确保盖子能恰当地滑开。"托尼告诉容森："是的，我猜我们的确是挑剔的顾客，与那些光是打开一个盖子就愿意花一下午时间的顾客截然相反。"

所有东西都被安全地放在档案盒后，给盒子贴上分类明确的标签是很重要的，以便日后检索内容。1935 年，雷·斯坦顿·艾利（Ray Stanton Avery）用一台旧洗衣机的发动机以及从缝纫机和电动手锯上拆下的一些零件，制作了一台生产自粘标签的机器。他的未婚妻多萝西·德菲（Dorothy Durfee）是一名教师，她投入了 100 美元，帮助艾利创建了克拉姆清洁剂产品公司（Klum Kleen Products company）（第二年他很明智地把名字改成了埃弗里黏合剂公司）。产品很快热卖，到 1997 年雷去世时，艾利丹尼森公司（Avery Dennison Corporation）的年销售额已达 32 亿美元。

用一个简单的日戳，可以让归档和检索按时间顺序存储的文件更加简单。几年前我去纽约，走进第二大道上的"巴顿的绝妙文具店"（Barton's Fabulous Stationers）。"绝妙文具店"这个名字表明外面会有遮阳棚，我在商店周围闲逛时确实没失望。它让我想起了伍斯特公园里的佛乐斯文具店，我在那里买了我的维洛斯1377-旋转文具收纳盒。跟佛乐斯一样，这个商店也分为两部分，一边卖礼物和玩具，另一边卖文具。而且和佛乐斯一样，尽管货架上的一些存货已经摆放了好几年，这个商店依然在营业。泛黄的笔记本和折叠的"带有整齐边缘"的点阵打印纸塞满货架。我在那儿买了一个卓达4010日戳（Trodat 4010 date stamp）。

　　我一直很喜欢日戳，也许是因为我在图书馆工作了很多年。每天早上，我们都会把日戳上的日期增加一天。用于标准借书的印章可能会夹在条形码扫描器的磁头上，还有相应的字母和数字托盘，这可能是我距离传统活版印刷最近的一次了。对于其他物品（CD或者视频文件——我在DVD流行之前就离开图书馆了），会使用表盘印章。这些也是卓达印章，但不是机械化自动上墨的4010印章。图书馆理事会的财政预算只允许使用更便宜的手工印章。

　　卓达印章可以180度旋转，从与印泥接触到与纸接触，印下印章上的信息然后从反方向重复运动，印章头优雅地旋转。想要欣赏这一场景，只有让动作慢下来，近距离观察。你从

卓达日戳印章

265

桌角拿起印章给发票盖戳的时候，它会发出令人愉悦的撞击声，但你并未细想，然而它应得到更多的尊重。

说了这么多，其实我根本没用过在巴顿的绝妙文具店买的卓达4010日戳印章。我买它的时候，注意到盒子有一点破损，但里面的印章还是完好无损的。直到我返回伦敦，仔细查看，发现它一定在货架上摆放了很久。印章的日期范围从1986年1月1日到1997年12月31日。我不确定卓达会将它们的日戳提前多久，但可以肯定，不会把日期推后。这个卓达印章一定是从20世纪80年代后期就待在纽约那个货架上了，而且在之后的15年里都没有被使用过。

印章上的日期是可以更换的，但我不会去换。

Chapter 14

·第十四章·

文具不会消亡

tomorrow`s world

　　文具的发展史就是人类的文明史，这么说不算过分。印度河流域的古人类，用他们的尺子在不同的物品之间画了一条直线，让远古与现代之间有了神奇的连接：制作简易长矛时用来连接木头和燧石的沥青与百特胶棒胶水；制作早期壁画的颜料与圆珠笔墨水；埃及莎草纸与 A4 纸；在蜡版上写字的铁笔与铅笔。为了思考，为了创造，我们要不断地记录，以整理我们的思想。为了做这些事情，我们需要文具。

　　或者换个说法——为了做这些事情，我们曾经需要文具。现在呢？现在我们有电脑、因特网、电子邮件、智能手机和平板电脑。我们想要记录自己思想和想法的话，不再需要手写。我们可以在乘坐公交车时用手机快速打出便签，回到家打开笔记本电脑时就可同步查看便签。任何信息都可以在云端同步、索引、储存，并在无数的设备上即时检索出来，同时还有我们在旁边标记的东西。我们不会再翻箱倒柜只为了找到潦草记下一些东西的小纸片。不会再有潦草难辨的字迹，也不会再出现笔墨用尽、铅笔折断或者被墨水污染的状况。只有一个流畅、无缝、高效的未来。

　　圆珠笔的前途如何？几年后，文具是否会消亡？似乎不可能。文具历史悠久，不会轻易消失。它只需重新调整，重新定义自己的用途。作家兼技术专家凯文·凯利（Kevin Kelly）曾称"技术的物种"是永生的；即使是看似灭绝的技术，在其他地方仍保持生机——不是与其他形式相结合，被改造成玩具或玩物，就是被业余爱好者和狂热人士保留下来。凯利写道：

> 技术不会消亡，这一点几乎没有例外。时间一长，生物物种难免消亡，但技术与生物物种不同。技术建立在想法的基础之上，文化就是它们的记忆。如果被遗忘，它们可以被人复活并被记录下来（用的方法也越来越先进），那样它们就不会被忽视。技术是永恒的。

电灯泡被发明后，人们不再需要用蜡烛照明，但蜡烛并未消失——只是换了用途。它从技术转向艺术，如今，我们视之为浪漫之物而非可怕的火灾隐患。与 CD 或 MP3 相比，黑胶唱片容易破裂的缺点变成了温暖和魅力。想想拿着一本书、一叠纸、墨水和胶水的亲身体验与相应的电子书之间的区别（若你正在 Kindle 上读这些内容，你可长点心吧！你不知道你错过了什么）。诸如墨水可能留下污迹、笔记本上的纸容易被撕坏之类的缺陷也成了文具魅力的一部分。与电脑上按个按钮便能不断地复制、分享，的文件不同，手写信件是独一无二的私人物品。即便只是在便利贴上写下一串电话号码，也是一种摸得着的联结。这种摸得着的感觉很有意义，人们喜欢它。

尽管我们正在步入数字时代，人们仍觉得实物更可靠。软件设计师已使用拟物化设计很久了。在这类设计中，一种材料或形式复制另一种物体的实体特征，而用户就能立刻明白如何操作新界面。例如用放大镜代表"查找"，或者用螺母和螺栓表示"设置"，这些视觉隐喻都很容易理解。因为它们与我们真实世界的经历有联系，所以都能说得通。N. 凯瑟琳·海尔斯（N. Katherine Hayles）在她的《我们如何成为后人类》（*How We Became Posthuman*）一书中将同形物描述成"让一个概念集群到另一个概念集群之间转换更加顺畅的临界设备"。"桌面"这个词被人从传统办公空间复制到电脑屏幕便是一个经典案例。1983 年，苹果及其 Lisa 电脑系统提出了这个概念。在它发布之前，格雷格·威廉斯（Gregg Williams）为《比特》（*Byte*）杂志预测新电脑系统时，引用了一位电脑工程师的话："电脑要处理文字、归档、收发电子邮件，要做所有事情。"之前，文档的建立、分发和存储都有不同的程序，每一个都有自己的基础设备，比如打字机、"仅供内部使用的"的橙色信封、文件柜等，但现在，一个灰色的小盒子就能完成所有的事情。

关于桌面隐喻的价值以及它如何用"文件夹和报告之类的可识别物体"来让用户确信数据安全，威廉斯有过这样一段描述：

> 它似乎在告诉你："毕竟，电脑文件可能会神秘消失，但文件夹、报告和工具不会。如果文件消失了，还有符合逻辑的解释——你把它清理掉或者放到其他地方了。在这两种可能中，情况仍然是可以掌控的。"

好吧，无论如何，通常情况的确是在你掌控下的。

除了桌面这个隐喻，文具的拟物化设计在其他很多地方也做得很好：回形针用来给电子邮件添加附件；信封用来表示有新信息；在图像处理软件 Photoshop 中会用到钢笔、笔刷、铅笔和橡皮；图钉在博客系统（Wordpress）中表示帖子；钢笔表示"写新邮件"；剪贴板和剪刀表示剪切和粘贴；记笔记的应用程序被设计成黄色拍纸本的样子；还有荧光笔和便利贴。不胜枚举。

当然，并不是只有给电子邮件添加附件的时候才用到电子回形针。微软 OOffice 97 中第一次出现了"大眼夹"（Clippy）这个活泼的形象，当用户在微软 Office 上写信的时候，它就会跳出来说"看起来你在写信"，这让数百万人非常恼火，Office 2007 移除了这个形象。Office 有好几个助手形象（包括一个男管家、一个机器人和一个巫师），但"大眼夹"是系统默认的形象，也是在用户中引起最强烈反响的一个。这个形象由住在华盛顿州贝尔维尤的插画家凯万·阿特伯里（Kevan Atteberry）设计。起初，Office 助手表中有 20 位艺术家设计的大助手形象。经过广泛的用户测试后，最后减至 10 个。其中有两个是阿特伯里设计的，而"大眼夹"是最受欢迎的。

约 260 个

"大眼夹"显然是以回形针为基础设计的，但比例稍有改动，为眼睛留下了空间（金属丝的两个末端比

windows 大眼夹

普通的宝石牌回形针短）。阿特伯里认为，这是"最形象的回形针"，所以用了这个设计。通过使用宝石牌回形针的形象，设计师不仅反映了它举足轻重的地位，还强化了它的形象。形象设计没有留下很多赋予"大眼夹"人格的空间，所以用眼睛和眉毛来表达情感（阿特伯里解释说这是"传达情感非常有力的元素"）。起初，阿特伯里并不知道"大眼夹"有多出名。很大一部分原因在于，他用的是苹果 Mac 机。但当他拜访客户和朋友并看见他们用 Word 的时候，他意识到"大眼夹"非常出名。有名但非所有人都喜欢。阿特伯里说："有人爱它，有人恨它，非爱即恨。恨它的人发现我是设计者时，会向我道歉——但他们还是恨它。"

这些视觉隐喻甚至能让某些过时的习惯以数字化的形式重生，让过时的形式延续下去——20 世纪 70 年代，拉里·特斯勒（Larry Tesler）及其团队在施乐公司帕洛阿尔托研究中心（Xerox Corporation Palo Alto Research Center）创造了"剪切和粘贴"这种说法，我们现在仍在使用，尽管在现实办公生活中，从一页纸上剪下一段文字贴到另一张纸上的做法已经不复存在。类似的还有用一个老式电话听筒来表现智能手机中"打电话"的功能。

在史蒂夫·乔布斯的领导下，苹果公司的设计在很大程度上依赖拟物化设计（互联网日历 iCal 的皮革针脚设计显然源自湾流喷气式飞机的内部结构）。然而，乔纳森·伊夫（Jonathan Ive）取代史蒂夫·福斯托（Steve Forstall）成为苹果人性化界面团队的领导，为了 2013 年 IOS 7 系统的发布，苹果产品对真实世界设计元素的依赖有所缩减。微软的 Metro 设计语言用于 Windows 8

视窗操作系统和 Window Phone 手机操作系统，这一设计语言似乎有意与苹果过度使用的拟物化设计区分开来，转而致力于排版和干净而扁平化的设计，这些才是"真正数字化的"。

在我们的平板电脑和智能手机上，拟物化的元素逐渐被更简单、扁平化的设计所取代，这其实可能会让我们更为欣赏实物（真正的实物，而不是披着皮革纹理的数码形象）。没有了拟物元素的支撑，在笔记本上书写和在平板电脑上输入的区别将更加明显。两者各有所长，但它们是为不同目的而采取的不同行动。互不牵制，都能蓬勃发展。

所以，当人工智能打败人类智力的时候，那些急于宣告手写工具已经灭亡的人，或是期待技术取代传统书写的高科技拥趸都不应该兴奋过头。文具不会消亡，文具产生于文明之初，不会在诸如互联网之类的新生猛将面前坐以待毙。而且，钢笔不会因为你进入隧道就突然写不出字来；没有人会因为铅笔没电而需要借充电器；在鼹鼠皮笔记本上写字，永远无须担心信号不好或本子会在你保存内容之前不慎摔碎。

钢笔未亡。钢笔万岁。